允许自己这样存在

世界图书出版公司
北京·广州·上海·西安

图书在版编目（CIP）数据

允许自己这样存在 / 周周著 . — 北京：世界图书出版有限公司北京分公司，2022.8（2023.4 重印）
ISBN 978-7-5192-8698-9

Ⅰ . ①允… Ⅱ . ①周… Ⅲ . ①女性 – 成功心理 – 通俗读物 Ⅳ . ① B848.4–49

中国版本图书馆 CIP 数据核字（2022）第 052112 号

书　　名　允许自己这样存在
　　　　　YUNXU ZIJI ZHEYANG CUNZAI
著　　者　周　周
责任编辑　张建民　刘　虹
特约编辑　张亚南
封面设计　林阿龙

出版发行　世界图书出版有限公司北京分公司
地　　址　北京市东城区朝内大街 137 号
邮　　编　100010
电　　话　010-64038355（发行）　64037380（客服）　64033507（总编室）
网　　址　http：//www.wpcbj.com.cn
邮　　箱　wpcbjst@vip.163.com
销　　售　各地新华书店
印　　刷　唐山富达印务有限公司
开　　本　880 mm × 1230 mm　1/32
印　　张　9.5
字　　数　196 千字
版　　次　2022 年 8 月第 1 版
印　　次　2023 年 4 月第 2 次印刷
国际书号　ISBN 978-7-5192-8698-9
定　　价　49.00 元

目录

自序　姐妹们，你们今天过得好吗？

曾经听过一个故事，故事是关于一个叫“虹”的女孩和她母亲的。小时候她每天看着母亲天不亮就起床，打扫、做饭，等一家人都吃好饭，再去喂猪喂鸭，到村口公共水井打水把家里的水缸填满。

爸爸的工作很单一，他是铁匠。他每天吃好早饭就去铁铺打铁，傍晚准时回来，等着妈妈为他烧好洗澡水、备好酒和菜。

虹知道妈妈比爸爸还小八岁，但是看起来，妈妈的白头发比爸爸的还多。她就忍不住问妈妈：“妈，你怎么有那么多白头发？你是不是很累？”

妈妈回答：“有什么累不累的，做女人不就是这样吗？你也要勤快一点，将来嫁到婆家也要懂事，把家里的事情做得井井有条。”

虹问：“我要是做不好怎么办？”

妈妈说：“怎么能做不好呢？你学啊，如果做不好，你就会被公公婆婆嫌弃，你男人也会生你的气。”

虹很沮丧：“妈妈，我不喜欢这样。”

妈妈说：“那你想咋样，你又不是男人，还想上天？”

妈妈说完，就背着篮子出去打猪草，剩下爸爸在那里悠闲地喝着酒。

虹渐渐长大，村里同龄的女孩子都很早就嫁人了，妈妈也希望她早结婚。在她十六岁初中毕业那年，就有媒人带着一个男人来看虹。虹一气之下逃跑了。她当时就简单拿了几件衣服，偷拿了爸爸的钱坐车去了县城。

后来虹凭借不错的数学基础，留在一家商店做收银员。做了两年后，隔壁一座工厂的厂长看中了她，让她过去当会计。再后来，她就和厂长的儿子结婚了。

如果是童话故事，那么到这里可以以一句“从此，公主和王子幸福地生活在一起”结尾。

然而，事情哪有那么简单。虹嫁到婆家后很快有了孩子，而且还是双胞胎女孩。对此，婆家并不开心。婆婆以腰疼为由拒绝帮她照顾孩子，公公则“好言相劝”：“虹啊，你以后就安心在家里带孩子吧，不要去厂子里了。”

虹看了看丈夫，他也赞成公公的提议，于是虹成了家庭主妇。

从此，虹每天很早起床，照顾孩子，打扫卫生，给丈夫做饭，然后出去买菜，傍晚赶在丈夫回来前要准备好一家人的饭菜，为丈夫倒好酒，再去给孩子们喂饭，周而复始……

有一天她回到娘家，妈妈问她："你过得好吗？丈夫对你好不好？"

虹说："我们不怎么说话，他在家里就是吃饭、睡觉、看报纸而已。"

妈妈："男人都一样，只要他在外面没有其他女人就可以。"

虹不再回答，心头一阵悲凉。小时候看着妈妈一个人操持整个家，却鲜少得到爸爸的体贴和照顾，她是既心疼妈妈，又暗暗祈祷自己长大后要过不同的日子。然而十几年过去，她恍然发现，自己几乎"完美地"重复了母亲的路。于是她把这归结为可怕的命运，认为自己和母亲的命运是一样的。

也就是从那天起，她再也没有打算过要改变什么，因为她认为命运是无法改变的。

大家读了这个故事有什么感受呢？这既不是一个大悲剧，也不是一个喜剧，但是虹过的日子却是万千女性生活的一个缩影。

或许有人会认为，这个故事发生在过去，不是今天，而当今社会如此开放和进步，所以女性更容易获得真正的幸福。

可是幸福到底是什么呢？我认为幸福包含以下两个方面，只有两者俱备，才算得上幸福。

第一，自由。

古时，女性的人生毫无自由，但她们只能被动接受，选择只是奢望。比如，她们要和其他女性一起侍候丈夫，要裹小脚，没有机会去学习和工作……

而到了现代，社会变得更加开放和包容，女性不必裹脚，不必和其他人一起侍候丈夫，还可以和男性一样，享有平等的学习和工作的机会。

看起来女性获得了很多自由。但为什么如虹这样的女性，却依旧把“不自由”当成一种无法推翻的命运呢？

这就反映了女性虽然置身于一个不断发展的世界，但由于其自身意识还处于沉睡状态，因而仍旧体验不到真正的自由。

就好比一个在狼群里生活了多年的孩子，虽然带着人类的基因，流淌着人类的血液，但是奈何一直受“狼文化”的熏陶，所以他即使回到人类社会，要完全恢复人的语言和习惯，也是非常困难的。

虹就是如此。她小时候在报纸上看到一篇文章，写的是国外的女性是可以出去上班的，而且还和丈夫一起做饭。她非常羡慕，因此很向往这种自由和平等的生活。

奈何这只是她头脑层面的想法。由于潜意识里还受到大量旧观念的影响，因此她一旦面临重大的抉择，就会屈从于潜意识。比如她想在产后去工作，结果公公一句“你以后就安心在家里带孩子吧”，就轻而易举打消了想要出去工作的念头。

这也是大量女性遵循的无意识选择模式。她们或许会以为，那都是因为丈夫和公婆太专横霸道，而虹是无辜的。其实她们不知道，这都是因为虹的内在在依循父母那一代的模式，只是其不自知而已。

独立，包括精神上的和经济上的。假如一个女人一直被留在家庭里，终日被琐事缠身，那么她就会一切都听命于丈夫的安排，而她的自由就成了水中的月亮。

而其他进入职场的女性呢？她们有工作，是否就完全自由了？

其实不然，虽然她们的情况比虹的要好，可以走出家庭接触社会，不至于变得落后或者封闭自己，但在其他方面，她们却依旧受到禁锢。

比如，我的一个来访者，她月薪两万，本不需要向丈夫要钱花，但是她每个月都把钱上交给丈夫，结果哪怕回娘家一趟，都需要先从丈夫那里“借支”。

还有个女孩，她和同事谈了恋爱。可是公司有规定，不允许办公室恋情，而她的男朋友又是她的上司，于是男朋友就要求她离职，美其名曰是为了保护她。

而这个女孩并不认为自己还有其他选择，于是默默地听从了男友的建议。她找了家小公司工作，收入更少，加班更多。男朋友非但不关心她，还希望她能继续承担他们同居期间所有的家务。

女孩问我：“我男朋友是不是不爱我啊？我总感觉他对我不够好。”

我反问她："你爱自己吗？如果你爱自己，当你男朋友要求你做一些你不喜欢的事情时，你会做出其他选择吗？"

女孩恍然大悟："其实是我自己不够爱自己，所以我认识不到我是有其他选择的。我害怕我做出其他选择后，男朋友会对我更差。"

所以，虽然当今社会并没有捆绑住千万女性的"绳索"，也没有要求她们必须这样必须那样；但是，很多女性身上却有一根隐形的绳子，令她们只能在既定的范围里活动。

当在一些关系里受到伤害时，她们会认为这是自己运气差，或者和虹一样，是命苦，而不会意识到，其实是她们在心理上从来没有给过自己自由。

而一个人如果体验不到由内而外的自由，那他就离幸福很远。

第二，认识到自己的价值。

以上两个案例告诉我们，当我们把自由的权利交到别人手里，让他们来掌控我们的命运时，就很难获得幸福。

除此之外，幸福还与另一个因素有莫大的关系，那就是自我价值感。

什么是自我价值感呢？自我价值感就是个体对自己的价值判断和感受。

我曾经听过一句话，非常认同，那就是：大部分女性都会在一种无意识状态下陷入自卑。

什么是无意识状态呢？

比如，某个女孩是名牌大学毕业生，但在去一家公司面试的时候，她却不敢抬头看面试官。当对方问她对薪酬有什么想法时，她只会说“我愿意接受你们的安排”，而放弃为自己争取权利。

或许外人会认为，她都这么优秀了，怎么还这么胆小怯懦呢？

女孩却不以为然，依旧被心里那个“我不够好”的谎言所蒙蔽，并且一直听从这四个字的指引。因此，她害怕权威，不敢争取，一直唯唯诺诺地做事。

还有一个女孩，她五官端正、皮肤白皙、身材修长，在别人眼里已经是标准的美人坯子。可是她还在纠结于自己的牙齿不整齐，因此连大笑都不敢……

这些都是她们处在一种无意识的低价值状态的表现。

那么是什么导致了这个结果呢？

我认为是受“男尊女卑”落后观念的影响。

男尊女卑这种观念是从农耕时代开始流传的，虽然当今社会一直倡导男女平等，但几千年来一直被默认的东西，要从人们的意识里全部清除，是不容易的。

大部分女性口口声声说着我们女人是尊贵的，是不输给男人的，但骨子里却又认同男人比女人优越。

要真正摆脱过往那些观念，只有两种可能。第一种是把希望寄托于“时间”——也许再过几百年，情况就真的变了，女性会从潜意识里全然“相信”自己在价值上是和男性完全平等的。第二种是带着觉知去提前破解，让我们从内在认识到自己的价值，从而更好地欣赏自己。

这就是我写这本书的初衷和意图。我本身就成长在一个重男轻女思想非常严重的环境里，所以过去也有很多认知问题：认为自己不如男人，甚至认为女人必须依赖男人才能生活。

而我正是在经历自我价值低潮之后，才带着觉知去改变的。

这个改变的过程，和本书的脉络一致，包括四个方面：

第一方面，了解原生家庭对自己的影响。

我们从女孩虹的故事里可以看出，即使你头脑里决定不要过和父母同样的生活，但是你的潜意识却早已被你童年的记忆所影响，导致你一边试图改变，一边又做出相反的行为。因此，首先我们需要去做探索，弄清我们是怎么变成现在的模样的？

其次，我们要分析童年的经历令自己产生了哪些不合理的且限制了现在的生活的信念？

最后，我们还要找出原生家庭为我们带来了哪些正向的资源？它们可以被拿来应用于现在的生活，帮助我们打破意识层次的壁垒，塑造全新的自我。

第二方面，从亲密关系角度去构建独立的人格。

有人说过，婚姻是女人的第二次投胎，这句话不无道理。我经常看到一些在单身的时候看起来过得不错的女孩，一进入婚姻就各种抓狂和抱怨，不是攻击伴侣不体贴自己，就是嫌弃自己情商低，怎么都处理不好婚姻关系。

是的，亲密关系的确像一面镜子，把你过往掩饰的、逃避的问题全部暴露出来，让你猝不及防，既无奈又无助。

反过来说，这也是一个特别好的机会。我们如果可以借助亲密关系来彻底看清自己，以及勇敢地去敞开心扉并表达自己，为自己的生活负起全部责任，就有被疗愈的可能。

第三方面，通过发展事业焕发生命的热情。

人是为了“存在”和“价值”而活的。现在这个社会有太多可以被我们利用的机会，但是有些女孩却无视自己的才华和能力，不敢去实现自己的价值，或者不敢去争取自己的权益，一直在“无意识的低价值”状态里打转。

因此，我会给大家开一个窗口，带领大家借助“事业”这个平台，感受生命的热情，以及实现无与伦比的自我价值。

这是一条新奇又充满乐趣的道路。

第四方面，在日常生活中提升幸福技巧。

除了走出原生家庭的“阴影”，以婚姻为道场，直面自己的恐惧，勇敢追求自我价值以外，我们还要建立好的习惯，那就是自我关怀与自我完善。

过去你或许有些思想上的误区，不高兴了就去买买买，或者去大吃一顿，以为这就是对自己表达爱的最好的方式。其实这些都只是从物质层面去满足自己的欲望而已。

而真正的自我关怀，包括三个维度：看见、理解和认同。看见自己的存在，理解自己所有情绪和思维的出处，并给予自己认同和接纳。有句话叫作“此心安处是吾乡”，倘若能做到如此，我们就仿佛获得了隐形的翅膀，能飞向任何想去的地方，也能无惧无畏地面对任何风雨。

第一部分

如何从原生家庭的泥淖中走出来

你过得不好，或许不是你的错

一切都不是你的错

你只要接触心理学，就会接触这四个字：原生家庭。心理学和哲学有一个共通点，即它们都是围绕这三个问题展开的：我是谁，我从哪里来，我要去哪里？

经过多年的心理学学习后，我个人对这三个问题的排序是：我从哪里来，我是谁，我要去哪里？

你小时候可能以为自己只是名字的代言人而已，长大后才知道，你是你认知、情绪、意识的结合体。那么你的这些东西又是从哪里来的呢？

它们起源于你的原生家庭和你早年的养育者。

我在咨询过程中经常遇到充满困惑的女孩，她们大多数搞不清楚自己从哪里来，也不知道自己到底是谁。她们最擅长做两件事：一是说自己不行，做什么都做不好；二是说别人不行，总是和她们过不去。

然后她们不忘总结一句："我过得太不好了。"

通常我会说："这真不是你的错。"

她们大部分会比较惊讶，但更多的是惊喜："原来我不需要攻击自己、否定自己啊，那太轻松了吧！"

是的，如果你心理上从未经历过成长，且你真的过得很糟糕，那我会对你说："一切都不是你的错。这可能与你父母当初对待你的方式，以及他们自己的生活方式有关系。"

自卑、敏感、害怕权威、脾气不好都与原生家庭有关

以下就是我的具体分析。

假如你很自卑：

我们听过一个词，叫作"别人家的孩子"。或许你现在有自卑的问题，认为自己哪里都不如别人，就像我的一个读者小夏，她说："老师，我不怕你笑话，我觉得我的脚指头都没有我室友的好看。"

我问她："你小时候父母是怎么评价你的？"

她说："我妈妈说我长得难看，不如隔壁小莉那么白，也不如笑笑那么高。"

我说："是啊，小时候你妈妈拿你和其他人对比，长大了你

也学会了这一套，也拿自己和别人对比。这也是很多人的一个特点，就是专门拿自己的短板来和别人的长处对比。”

小夏恍然大悟：“是的，小时候妈妈说我成绩不如别人，长得不如别人，甚至连唱歌都比不过百灵鸟呢。于是长大了，我也认为我的工作能力不如我们经理的，长得也不如新来的同事，谈吐的水平和公关部的同事差太远了。”

我告诉她：“这个世界上比胜过别人更有意义的是——做独一无二的、不可复制的自己。你过去过得不好是因为你花了太多的精力来贬低自己、抬高别人，这种横向对比是没有任何意义的。

有意义的是进行纵向对比。你拿你的今天和昨天对比，只要今天收获多一点，或者在某一方面多做了一点，你就赢了，你就是优秀的。过去你妈妈没有发现这个秘密，你今天知道了，就可以做出改变。”

除了过去被“别人家的孩子”打败外，还有一个因素也是导致我们自卑的原因。

那就是当我们兴致勃勃地做了某件事，期待一个好结果时，某个权威却告诉我们：“你做得真差，你简直是糟糕透了！”最典型的例子是，当你考了九十八分，期待你妈妈夸夸你时，结果你妈妈劈头盖脸来一句：“另外两分到哪里去了？”

然后在接下来的人生，你就可能会做一件事：去寻找那丢失的两分，也就是要力求完美。

因此在众人眼里，你成了一个忙忙碌碌、不知道休息的陀螺。人家佩服你有使不完的劲，其实只有你自己知道，你是不敢停。如果不做到一百分，你就又会产生内疚感，甚至自责。

自卑就是这么来的：一是被父母拿去和其他孩子对比；二是无论你怎么做，父母总是批评你还不够好，而且会把你的行为等同于你这个人。

因此你会内化一个信息：我就是不好。你的自卑就这样形成了。

假如你很敏感、脆弱：

敏感是指你的情绪很敏感，你特别容易受到周围环境的影响。比如看到同事在议论什么，你就会很紧张，担心他们在说你坏话。另外，当身边人不高兴时，你会很容易浮想联翩，担心是不是自己做了什么事情让对方不开心。

而脆弱是指，当别人给了批评和建议时，你很难保持稳定的情绪；相反，你很容易陷入复杂的情绪纠葛中，比如感到委屈、愤怒、难过、愧疚。

我遇到过一个女孩子，她说有一天她迟到两分钟，领导随口说了一句“明天早点来啊”，她就哭了，难过了好几天。我让她去回顾其他同事迟到被领导撞见是什么场景，她说她们没事，下次可能还是会迟到，领导也不会太追究，只要她们把工作做好就行。

这就是差别，脆弱的人把别人的一言一行当成自己情绪的晴雨表；而坚强的人，即使外面大雨滂沱，他们首先想到的也是如何保护好自己不受他人的影响。

那么敏感和脆弱是怎么来的呢？这也与个人早年经历有关系。

这里涉及两种可能性：

第一种，父母一方比较敏感、脆弱。

比如那个迟到的女孩，她说她的妈妈特别敏感，所以她的敏感是“学来的”。这个女孩小时候经常看到妈妈在房间里哭，一会儿说外婆说了什么话刺激到她了，一会又说舅舅来电话批评她了。有一次就因为爸爸说她的头发太长有点显老，她难过了好一阵子。

孩子对妈妈的模仿是最直接的，所以妈妈的处事风格和情绪反应模式都印刻在孩子心里，造就了其后来的性格特征。

第二种，家庭里的限制和指责太多。

一个被限制太多的孩子，就会无法做自己的主人。他们小时候在家里这个不能摸，那个不能碰；这个不能做，那里不能去；这种话不能讲，那种人不能接触……

如果他们不按照家庭里的规条去做，父母就会狠狠地批评和指责他们。他们成了惊弓之鸟，只能蜷缩在一个固定的范围内。

长大后，即使父母不在身边，他们也仿佛把其他人当成了自己的父母，做任何事情时都会去考虑别人是怎么想的、怎么看的，因此经常畏首畏尾，甚至会后悔自责。一遇到别人做评价或者批评时，他们就受不了，以为天要塌下来了。

所以，如果你敏感、脆弱，那真的不是你的错，要么是你跟父母学的，要么是你被父母限制太多所导致的。

假如你很害怕权威：

害怕权威听起来无非就是不敢和领导多交流而已，顶多就是对工作升迁有影响。其实不然，如果你害怕权威，就会害怕老师，害怕你的所有领导，甚至会害怕你未来的公公婆婆、你孩子的老师，等等。

而每一次害怕，都会削弱我们的一点力量，也会对我们的生活、情感和事业造成很多的限制。因此，一些在别人眼里很小的事情，都会成为我们心里的墙。

比如我曾经害怕权威，导致我上学的时候即使被人欺负，也不敢去告诉老师，而是默默地哭。长大后在单位里，工作上遇到难题，我也只能选择逃避，或者一个人暗暗地焦虑和着急，却不敢去向领导请教，或者求助。

而我的一个朋友更甚，她在结婚后，对公公毕恭毕敬，端茶倒水，公公说话的时候，她都不敢抬头看。她的解释是："我的公公是做高层的，所以我害怕他是正常的。"

其实我不那么认为，我认为她一直都在惧怕权威。

那么为什么我们会这样呢？有人就说了："权威也是人啊，也是一个脑袋两只手啊，并没有三头六臂。我们为什么要那么怕他们呢？”

这个原因很简单，就是我们早年和父亲的关系不够好。

比如在我小时候，我的父亲在外地工作，一个月才回来一次。因为在外地工作非常辛苦，二十几天不曾休息，所以他回来后很少有精力与我互动。但我当时年幼，不知道这些客观原因，就以为父亲是因为不喜欢我，所以不愿意陪我玩。因此我就不再对他提要求，而是乖乖地躲在一边。

还有些女孩更惨，她们生活在重男轻女的家庭里，家里正好有儿有女，而父亲把对哥哥或者弟弟的喜爱赤裸裸地表达出来，导致女孩在家庭里被边缘化。她们很早就内化了一个信息，即父亲不喜欢自己，长大后就认为，不只是父亲不喜欢自己，所有的领导和老师也都不喜欢自己。因此只要有他们的场合，她们就会赶紧离开，或者躲起来。

假如你脾气不好：

经常会听到有人评价自己：“我这人啊，什么都好，就是脾气不好。我遇到事情容易着急，也容易生气。”

比如一个女孩子说，她的男朋友迟到了一分钟，她就感觉自己好像被耍了一样，暴跳如雷，恨不得把男友揍一顿。

在餐厅点餐，如果服务员上菜晚了一点，她就会很烦躁，不是冲到前台投诉，就是直接夺门而出。

等到自己有了孩子，她的容忍度便更低了，孩子哭，她烦；孩子大声喊叫，她烦；孩子吃饭慢一点，她也烦。总之，她动不动就翻脸。

这是怎么回事呢？其实这也跟当事人在原生家庭的早年经历有关系。

第一个原因可能是父母的婚姻有问题。比如父母常年争吵，甚至是互相辱骂、攻击。孩子会因此感觉天都要塌下来了，毫无安全感可言，从而产生严重的恐惧和焦虑。

生活在这种家庭的孩子担心父母会吵架离婚，也担心父母一方会伤害另一方，甚至要了另一方的命。我有个读者就说，她的妈妈会冲爸爸吼："你去死吧。"

然后爸爸也会回击："你先死吧。"

她听着就很害怕，觉得父母随时都会死去，然后她整个人都紧绷起来，每天都处在担忧中。

虽然父母后来并没有真的伤害彼此的性命，但是她的恐惧和焦虑却成了常态，而愤怒就是恐惧和焦虑的连锁情绪，因此她经常会发脾气。一旦遇到看不顺眼的事情，她就突然大发雷霆。

还有个原因，是父母本身管理情绪的能力很差。

我有个朋友说她的爸爸六十岁了还经常在外面和人吵架。有一次他在菜市场和卖菜的因为一点小事情打起来，还被送到了派出所。

她在潜意识里认同爸爸的这种处事风格，不和人比冷静，而是比谁的拳头硬。她说她初中就像太妹一样，动不动就去和男生打架。结婚后，老公随便哪句话不如她的意，她就连吼带骂几个小时；如果老公敢和她对抗，她就会更愤怒，甚至动手掀桌子。

但是事后她又会为自己的冲动后悔，觉得好好的男人都要被她打跑了。

其实这些都是她潜意识从早年的经历中习得的模式，也不是她的头脑可以控制的。

所以，综上所述，无论你现在过得怎么样，是看起来不走运，还是被自己评价为很糟糕，相信我，这都不是你故意而为的，而是由你在早年从原生家庭中学习和体验到的一切造成的。未来你无须为此自责，因为这都不是你的错。

为什么我总是觉得自己不重要？

为什么你在家里总是不被重视？

萨提亚冰山模型底层是“渴望”，这种渴望是全人类共通的，那就是渴望“被认可、被接纳、被爱、被重视，以及渴望感受到安全和自由等”。其中“被重视”，是我们从出生到七岁都特别需要的。一旦在这个时期有了“我很重要”的体验，我们长大后进入任何场合，就都会比较踏实、笃定。

反之，如果一个人小时候没有这种体验，那他这辈子就都在寻找这个叫作“我很重要”的缺失部分。

有以下三种情况的女孩，最容易成为家庭里被忽视的对象，从而沦为“我不重要”的受害者。

第一，父母深受男尊女卑思想的影响，重视家里的男孩。

比如我的一个读者穗穗，她从小就在家庭里受到冷落、不平等对待，原因是她有个哥哥。穗穗说爸爸会带哥哥去公园玩，妈妈会给哥哥买新球鞋，但是她就没有这些待遇。

最让人难过的是，逢年过节的时候，哥哥有很多走亲访友的机会，可是穗穗除了去一趟外婆家以外，就没有和爸爸妈妈一起出门的机会了。

因为爸爸当时是骑摩托车出门的。他说骑摩托车顶多载两个人，不然就有危险。

穗穗其实想说："爸爸，你可以送完妈妈和哥哥后，再来接我啊。"但是穗穗不敢说，因为她已经知道，不是骑摩托车不安全，而是自己多余。

这种现象在一些地方非常普遍。如果一个家庭有儿有女，而父母恰巧还保留着男尊女卑的旧有思想，那么这个女孩一定会有被忽视和被冷落的感觉。

第二，家庭排行决定你是否会被忽视。

有很多心理学家通过研究证实，家庭的排行会影响孩子的性格，因为身处的序位不同，孩子所得到的父母的照顾和认同也是不同的。

如果一个家庭没有男尊女卑的氛围，而家里又有两个以上的孩子，那么通常，最大的和最小的都容易受到父母的重视。

而中间的那个，会特别容易受到冷落。

比如我的一个朋友，她有三个女儿。虽然我看得出她和丈夫对三个孩子都非常喜爱，他们的心态也比一般父母的更加健康积极，但是我还是能从她的行为和言语里分辨出，他们家的孩子是两头的受宠，中间的被冷落。

我后来和她核实了我的猜测，她虽然有些无奈，但是也认同我的看法。

她说："老大是第一个孩子，也是我们倾注了最多心血，让我们收获最多荣耀的孩子，所以她很自然地获得了我们最多关注。而老二是在我们最忙碌的时候来的，而且也是女孩，一来没有新鲜感了，二来我们因为忙碌与她的交流和对她的关注自然就比姐姐少。而老三，我们"中年得女"，虽然也是女孩，但是，由于我们知道这将是我们最后一个孩子，因而我们特别疼珍爱她。"

所以，毋庸置疑，老二就成了夹心饼干中间那个看不见的"夹心层"。

关于家庭排行，无论性别，家里只要有两个以上的孩子，父母的爱和关注就很容易"分配不均"，而且绝大部分情况是中间那个孩子备受冷落。

第三，一个孩子的表现不符合父母期待，而其他孩子却满足了父母的期待。

我们通常以为，人只有进入社会才会有竞争的机会，其实不然。只要你的家庭里有两个以上的孩子，你的竞争就开始了，因为你的父母的时间和精力有限，任何一个孩子都不能独自霸占父母所有的时间，因此你们必须具备某些优势，才能争取到父母的青睐。

那么谁会比较幸运地在这场隐形的战争里胜出呢？

那就是正好符合父母期待的那个。

比如父母期待孩子学习成绩好，而几个孩子之中，恰好有一个是爱学习的，那么这个孩子就顺理成章地会被父母重视。假如父母很重视孩子的运动，而有个孩子投其所好，经常去运动，那么这个孩子也会被父母更加喜爱。

凡此种种，在兄弟姐妹的隐性竞争中，谁能满足父母的期待，谁就更受重视，反之亦然。

不被重视的人进入社会后，会怎样？

他们在家庭里备受冷落忽视，进入社会以后又会如何表现呢？以我的观察，他们会有三种表现：

第一，更爱独处，疏离人群。

我原来有位同事，人长得漂亮，工作能力也很强，但给人的感觉就是特别高冷。我们其他人经常聚餐，或者利用午休时间出去逛街，而她，从来不和我们一起行动。

过去我以为她自恃过高，瞧不起我们这些人。直到有一次过年，我发现她主动留下来加班，就问她："你怎么不回去啊？"

她说："我回去干吗？又没什么人欢迎我。"

看我诧异，她多说了一句："我在家里是爹不疼娘不爱的那种。好了吧……"

说完就示意我闭嘴，她不想再多说。

我突然明白她为什么从不扎堆，从不和人亲密交流。这是因为她从小就在家里扮演一个"边缘人"的角色，所以就通过这种感觉形成了"没有人重视我，我又何必去重视任何人呢"的观念，主动与其他人拉开距离，以保护自己。

第二，把孤独当成舒适区。

这几年我们频繁接触到一个词，叫作"舒适区"。很多人以为在舒适区里会感到舒服与温暖，有安宁、踏实的感觉。

其实不然，所谓的心理舒适区，泛指一切记忆里让我们熟悉的、惯于回应的状态。比如一个女孩子考试没考好，她的妈妈就会吼她骂她，所以在她意识深处就会出现一个内在逻辑：考砸等于吼叫。因此，当下一次再考砸时，她的身体会提前设置紧绷的反应，以更轻松地应对妈妈的吼叫。

假设妈妈这次没有吼叫，她并不会感到更轻松，而是会更加忐忑，因为这打破了她的惯性。因此考砸后会被妈妈吼叫，就成了孩子的心理舒适区。

如果一个孩子小时候在父母面前没有体验过被重视的感觉，他的身体就会习惯这种模式，并且"认为"这种模式就是对自己最安全的。当他长大后，假设别人对他十分关注，或者呵护备至，他不会欣喜若狂，而是会本能地退缩，因为过去那种"疏离”才是他的舒适区。

第三，疯狂寻找被重视、被关注的感觉。

除了以上两种用“疏离”来应对童年不被重视的创伤以外，还有一种则处于另一个极端。如果在童年没有体验到被重视的感觉，他们就会在心里确认一个人生目标：我一定要找到那种感觉。

这几乎成了他们的信念。于是几乎从幼儿园开始，他们就会抓住一切在外人面前展现自己的机会；同时，也不会放过任何一个靠近他人的机会。

比如前几年的网络红人凤姐，她出身于一个重男轻女的家庭，父母亲都不曾很好地关注她、重视她。她的应对方式是做出很多让人觉得不可思议的事情，目的是获得更多人的关注，而且她把被关注和被重视混淆在一起，以弥补由于童年在父母那里未曾被关注、被重视过而导致的遗憾。

这说明，当一个人底层的渴望未被满足时，她会展开一种无意识追求，为此付出再大的代价，也在所不惜。

以上三种应对的方法——要么深度隐藏自己的渴望，把自己隔绝起来；要么慌不择路，到处去抓取虚无缥缈的自我重要感——其实都是在用防御或者攻击的策略应付自己的渴望。这对于我们建立健康的自尊，以及发展优质的社交，都没有帮助。

正确的答案：我可以为我的人生百分之百负责

那么，有没有其他路径可以走呢？

第一，打破父母重男轻女思想的禁锢。

处于童年时期的我们的被动之处在于，我们在行为上没有足够的自我保护能力，而在思想上又没有认知和分辨能力，所以无论周围人对我们做出何种行为，或者传递何种思想，我们都只会全盘接受。

假如你不受重视是因为你的父母仍旧有重男轻女的思想，那么你需要做的第一件事，就是切断他们这种腐朽愚昧的认知观念与你的联结，明白父母的局限性，并打破他们的顽固认知，你要从意识里对自己的性别有全新的接纳和认可。

第二，勇敢接受。

几乎所有的自我成长的实现，都需要我们走出心理舒适区。假设你一直是在被冷落的环境里成长的，已经习惯了一个人躲起来生活，从来不奢望有人会真的关心你，那你就需要改变。这个改变就是在心里给自己开启一条缝隙，让他人的关心从这条缝隙透进来。

我那位高冷的同事后来成了我的朋友，因为我不理会她对我的拒绝，而且告诉她："你父母对你的态度，不代表全人类的态度，我就愿意关心你，和你聊聊天。"

同事开始觉得很诧异，后来发现我真的和其他人不同，靠近她也并非出于任何功利的意图，她就慢慢地接受了我的好意，偶尔和我聊聊天、吃吃饭。

自从发现我真的把她当朋友、重视她以后，她开始向前跨越，和其他同事也逐渐建立起良好的联结关系。后来办公室的人都说，她这座千年冰山终于融化了，人也更美了。这是因为她突破了父母在她心里设置的限制，感受到了自己的重要性。

第三，放下浮夸的演技，静静地体会自己。

你如果因为受不了被冷落的感觉而不惜费尽心机去赢得他人的关注，或者通过讨好来换取他人对你的一点点好感，那么不妨停止这些浮夸的表演和廉价的付出。因为这样只会让他人对你有更多的误解，他们会认为你居心叵测，或者讽刺你哗众取宠、情商低，等等。

事实上，你根本无须大动干戈，只要平静下来，去认同一个道理：造物主把你带到这个世界上，证明你和所有人一样，是这个世界里独一无二的，是不可替代的。

所有的自我成长，都要落实到“我可以为我的人生百分之百负责”的议题上面。因此，如果你早年未曾体验到被重视的感觉，那么从此刻开始，你可以放下对他人的期待，做自己的内在父母，去重视自己。

当你学会静静地欣赏自己，在人群里不卑不亢地表达自己时，你身边的人也将如此对待你。

该死的坏脾气，是父亲留在我身体里的印记

脾气差，很可能与父亲有关

经常在咨询或者课程里收到这样的问话："我很讨厌自己的性格怎么办？"

通常，他们所说的"讨厌的性格"，指的是他们对愤怒的表达方式，有人就会自称"我有臭脾气"。比如来访者小薇，说自己是"宇宙无敌臭脾气"。

"如果有人要拿掉你性格中的一部分，你希望哪一部分被拿掉呢？"这是我在一次咨询中对小薇的问话。

小薇是个二十八岁的女孩，看起来开朗活泼，但是她说自己内心是很自卑的，她不喜欢自己。

我问她不喜欢自己的理由，她说她既不像某同事那样多才多艺，也不像某朋友那样很会赚钱，连邻居女孩都比自己强，

当初人家考取了一所不错的大学，而自己呢…… 真是自惭形秽，什么都不如人家。

后来我开始和她探索她不喜欢自己的原因，倒不是因为没有做出成绩，而是她自认为性格不好。

她分析自己的性格，说："我有时候看着自己都来气，我就是个炸药包。我母亲给我做饭，因为蔬菜有点生，我就骂她老糊涂。我男朋友也经常被我骂。有一次过情人节，他带我去吃泰国菜，但是那个泰国菜比较辣，而我不爱吃辣的，就当场翻脸，骂他白痴，认识我又不是一天两天，还要带我来吃这种难吃的东西…… "

我问小薇两个问题："你知道自己为什么会骂人吗？你身边有没有不被你骂的人？"

小薇说："我真的不知道我为什么脾气那么差，我估计我是世界上脾气最大的人，说翻脸就翻脸。身边的人大部分都被我骂过，有一次连老板都被我骂，他差点开（除）了我。"

我问了一个不相干的问题："那你老板为什么不开（除）你呢？"

小薇说："因为我手里有大客户，其他人搞不定。"

由此看来，小薇并不是一无是处，而是她对自己的评价完全困在"我脾气很差"这一点上，导致她看自己一点都不顺眼。

后来我们探讨她脾气暴躁的原因，她说："老师，我父母可是脾气很好的人哦，我小时候经常看到隔壁家孩子被打骂，可是我从来没有挨过打，所以你说说看，我是不是变异了，是个怪胎？”

小薇继续挖苦自己，贬低自己的性格。

谈话到这里，我发现了一个有意思的问题：我们“头脑里”以为的原生家庭和我们心理层面体验到的原生家庭存在差异。

小薇身体健康，在家庭以外也没有受过任何大的创伤，那么她的这种激烈的情绪表达方式就仍旧出自原生家庭。

后来我给小薇做催眠，引导她回到小时候，回到自己曾经住过的小房子里，然后她发现：她听到父母在激烈地争吵。父亲因为不满意母亲对待老人的态度而生气，认为母亲虐待了他们；而母亲也据理力争，说自己是无辜的。于是父亲把餐桌推倒在地，还对着母亲大吼“你这个冷血无情的女人，我简直是瞎了眼才找了你”。

导入这个场景之后，小薇身体发抖，泪如雨下。

她陷入了矛盾：她既欣喜地发现自己的臭脾气有了出处——是父亲“给”的，同时又很难过，因为这段记忆，破坏了她印象里那个有着好脾气、完美的父亲的形象。

这样的案例很多，每个人都会面临以下哲学问题：我是谁，我从哪里来。因为我们都需要一份归属感，这份归属感会让我们感到踏实和安全，但同时，我们又害怕真正踏上那条我们“来时的路”，因为它难免荆棘丛生，再次唤起我们的痛苦。

后来我们谈到小薇的父亲，才知道她的父母已经离婚好多年了。父亲对她的爱，表现在小薇大学毕业后，他买了套小房子作为礼物送给她，并说：“我的女儿要独立，从有自己的房子开始。”

至此，我完全搞明白了小薇脾气会这么“暴”的全部原因：

第一，创伤性记忆的深刻影响。

所谓的创伤，有隐性和显性的区别。显性的创伤是我们头脑记住的那些，比如父母曾经骂过我们，或者父母离婚。而隐性的创伤是我们的头脑早就遗忘，但一直存在于我们身体里的。

小薇的那段记忆就属于隐性的创伤。听到父亲那样大喊大叫，她既害怕又无助，但是那时母亲也处于混乱之中，所以无人能够顾及她的感受。

于是，父亲应对愤怒的方式，就完整地留在了她的身体里，变成了她在处理所有人际关系时，应对愤怒和不满的唯一的方式。

第二，对父亲的追随。

有心理学家说，我们一旦抱怨自己的父母，就会陷入意识和潜意识的分裂。

因为挑剔和评判都是头脑层面的，而在潜意识里，我们对父母又是绝对忠诚的，且会无条件去爱他们。

小薇在父母离婚后，特别渴望父爱。奇怪的是，她的脾气也是从父亲离开家以后才变得火爆的。

所以，从行为上来看，小薇的母亲以为是父亲的离开，刺激了女儿的神经。直到我们进行第八次咨询时才发现，她是在用父亲曾经的“暴脾气”来表达自己对他的追随和思念。

因此，我问她：“如果现在要拿掉你的‘暴脾气’，你愿意吗？”

小薇笑了：“我不愿意。”

释放恐惧，然后接纳父亲和自己

贝曼博士曾在萨提亚课程上不止一次地说：“我们要承认自己是复杂的，我们每个人都是复杂的。”这也是我们内在会产生很多冲突的原因。

当不了解自己的复杂性，只因自己产生某个情绪，或者某个行为，就轻易地评判自己，甚至是排斥自己时，我们就走上了一条艰难的道路。

当我们借由一些方法知道我们“为什么会这样”时，我们的恐惧就会消失，接下来的成长之路也会变得平坦。

第一，释放埋藏已久的恐惧。

我曾在一本书里看到这样一句话：“你所有不被释放的情绪，都会成为你身体里的伤。”

就好比我的一个朋友，她很小的时候因为母亲的忽视而被丢在房间里半个晚上。当时母亲和邻居去看电影，让父亲回去照顾孩子，结果父亲加班又没有回来，然后这个四岁的孩子就一个人在黑乎乎的房间里待到半夜。

这段经历导致我朋友几十年来一直怕黑，难以面对孤独。

她后来追溯到这段经历，并在那里停留了很久，彻底地把当时的恐惧和紧张释放了出来。从此她就被治愈了，再也不怕黑了。

小薇也是如此，当她清楚自己的暴躁不是从天而降的，而是当年目睹父亲激烈情绪反应的后遗症后，我带领她回到那个场景，并让她把当时没有释放出来的恐惧释放出来。于是，她获得了前所未有的轻松。

这就是疗愈。

第二，和父亲重建联结并交还属于父亲的“东西”。

当我们意识到自己某个“问题”或者“症状”是从父亲那里得来时，除了去释放事发当时的情绪，还有个非常重要的方法有利于我们迅速地恢复创伤，那就是去和父亲建立联结。

在与父亲建立联结后，我们可以通过专业的心理咨询师，或者进行冥想，去想象自己把那份属于父亲的名叫“愤怒”和“冲动”的“东西”交还给父亲，并且感谢父亲在其他方面的付出和给予的爱。

这样的仪式，会破除我们过去无名的恐惧，也会让我们做到真正的接纳——对真实的父亲的接纳，以及对自己的接纳。

这样的互动，是让两代人都获得自由的好方法，也是我们达到更加爱自己的途径。

是生活原本就很无趣，还是我自己太丧了？

今天你丧了吗？

“丧”这个字，原本常被用来表示丢失。而近几年，它越来越多地被年轻人用来表达自己因生活、工作、情感的不顺而产生的一种颓废的、悲观的情绪。表达的人多了，就形成了一种“丧文化”。

我经常收到读者的留言：“老师，我最近好丧，怎么办？”

我也无从回答。我们或许只知道我们的语言和行为有既定的习惯，却不知道我们的情绪也有习惯。

比如有些人一到下雨天，脸色就和天一样阴沉；有些人在路上开车，只要遇上堵车，就会习惯性地愤怒；有些人不能听到孩子哭，孩子一哭，她就烦躁得如热锅上的蚂蚁……

凡此种种，都是情绪的习惯，或者情绪表达的习惯。

情绪习惯和我们另外三种习惯（行为、思想、语言）构成了内在对世界的应答模式，也就是我们俗称的世界观。

比如有个读者说："老师，我觉得生活真的好没有意思啊！恋爱不顺利；工作上付出多收获少；最可气的是，租个房子还漏水，房东要我自己找工人修……我觉得这日子简直是没法过了！"

她希望得到我的同情，以缓解内心的委屈和愤怒。我知道当下只要我简单地与她共情一下，她的情绪就可以得到缓解。但是，要是她不找到情绪的根源，那她的生活还是会回到那种"看山不是山，看水不是水"的困局里。

女性为什么更容易丧？

以下就是我找到的几个导致我们经常很丧的原因：

第一，女性天生比男性更加敏感。

我们早就知道一个说法：女人比男人更多愁善感。但是我们并不知道女人多愁善感的原因到底是什么。

美国加州大学心理学博士、中国台湾著名教育专家洪兰教授在一次演讲中，对男女之间的差异做出了解释。

在演讲中，洪兰教授做了一个实验：找了一名女大学生和一名男大学生，让他们同时躺在核磁共振检测仪上想一件伤心的事情。这个时候仪器显示，女生的大脑区域全部都亮了，而男生只有几处亮着。

为什么会出现这种情况？究其根本原因，可发现此现象是由血清素的变化造成的。

血清素，即5-羟色胺，是一种抑制性的神经递质，与我们的情绪、动机、睡眠还有记忆都有直接关系。

血清素越多，抑制神经过度活跃、稳定情绪、缓解焦虑的能力就越强。而通过实验可发现，男性分泌血清素的速度比女性快52%。因此，女性才会比男性更加容易陷入情绪中无法自拔。

第二，情绪应对模式，我们从娘胎就开始学习了。

我们除了知道女性从生理上就容易生发出悲观和消极的情绪外，还要知道一个秘密，那就是我们“伤春悲秋”的模式可能是在“娘胎”里形成的。

受精卵的形成代表着我们生命的诞生。从此以后，我们就和母亲通过生理上的联结，建立了“共感”模式。所谓共感，是共同感受、共同经历情绪的波动。

比如我的一个读者小韩，她说自己特别容易愤怒。无论是看到新闻里有人拐卖孩子，还是看到菜市场的小贩称重时缺斤少两，她都很生气。甚至连看到老公吃饭吧唧嘴，或者鞋带系歪了，她都觉得胸口会蹿上来一股火气，恨不得把老公打一顿。

后来我和她通过做成长回溯探索找到了答案：小韩的妈妈在怀孕前和婆婆关系很糟糕，原因是婆婆看不惯媳妇花钱的方式和化妆的习惯，认为媳妇不安分。有一次婆婆看到媳妇和邻居男人说了几句话，就提醒她要检点，不要和其他男人多接触。

丈夫长期在外地工作，婆婆又对媳妇有诸多怀疑，导致小韩的妈妈心里有很多委屈和怨恨。而就在最难过的时候，小韩的妈妈发现自己怀孕了，一度想去做流产，奈何婆婆不同意，所以就有了小韩。

因此，小韩从有了生命第一天起，就在母亲体内感受到了很多的委屈和愤怒。后来她在幼儿园频频闯祸，经常打其他孩子，或者把其他孩子的玩具弄坏，弄得家里人都以为这个孩子不正常，脾气太火暴。

还有个邻居，她自小就特别爱哭，一看到新闻里哪里又有人受灾了，她就会哭，担心自己也会受灾；老公抱怨她饭菜做得不够好吃，她也会哭，觉得老公不喜欢自己了；连同事借她东西忘记还，她也会哭，觉得他们怎么都那么自私呢？

我问她："你父母爱哭吗？"

她摇摇头。后来问到她出生前后的情况，我才知道她妈妈在生完她后得过产后抑郁症。在月子里，她妈妈几乎每天都哭，甚至有几次还想要放弃生命。

有心理学家说，孩子在婴儿时期会把母亲的脸当成镜子，母亲笑她就笑，母亲哭她就哭，母亲怒她就怒。

所以，你如果觉得自己好像天生是个悲观或者易怒的人，那么或许可以回看一下，是不是在出生前后对你母亲的情绪产生了共感。

第三，你的父母对世界的“应答”方式影响了你。

除了在出生前后受到母亲因为特殊事件产生的低落情绪的影响以外，在成长过程中，父母对世界的应对和理解模式，也会被我们全然接收。

比如你的妈妈在你小时候一直喜欢唉声叹气，今天抱怨物价上涨；明天哭着说担心自己下岗；后天看到新闻里发生的车祸，又紧张兮兮地担心两个孩子出门的安全……

总之，如果一个母亲整天情绪低落，甚至充满了担心和恐惧，那么她的孩子在长大后，也会对这个世界充满不安全感，每天都处于一种紧张或者悲观的状态里，变成一个特别容易丧的人。

综上所述，如果经常感到莫名悲伤、恐惧、焦虑、委屈或者愤怒，那你可以联系以上几个原因，来看看自己是受到哪一个的影响。

另外，人之所以会一直受困于一种情绪，还有个重要原因是我们太急于摆脱这种情绪，因此一直在与之对抗。而对抗只会带来强化，令这种“情绪铁腕”控制着我们的生命，牢牢地锁住我们的心。

反过来，如果能够了解自己的情绪并非凭空产生，也不是自己矫情造作的结果，我们就会对自己有更多的释然和理解，从而停止自我否定和攻击，更好地接纳自己。

当“接纳”发生时，你的情绪锁链会自动松动，你也将有更多的空间来创造不同的世界。

你不自信，也不是你的错

无法接纳自己时，不妨回到童年去看一看

好友梅子打电话告诉我，她终于准备年后辞职了，去做自己喜欢的工作。

我知道梅子的单位是国企，是她妈妈替她选的，但她一直都不喜欢。至于为什么要拖到十年后的今天才决心离职，她说："我害怕，因为我觉得我这么平凡，梦想是离我很遥远的，所以即便做得不开心，也仍旧会给自己灌鸡汤——你要知足，有份收入就很不错了，不要太贪心，等等。甚至在单位被冤枉、功劳被抢夺的时候，都安慰自己'没关系，我忍了这一次，他们以后就不会这样对我了'，然后任由委屈的眼泪默默地流。"

是的，在她的认知里，不管遇到什么事情，自己都是过错方；在任何好的机遇面前，她都会主动退出竞争，因为她还有

个信念，即“人家都比我优秀”。

而直到今天，她才告诉我，这一切都是因为“自卑”。很多人都有类似的感受：自卑是一个黑洞，里面还藏着一个隐形旋涡，专门吸收我们体内的能量。所以，通常人们越是不自信，对未来就越恐惧，行动力就越弱。

虽然我并不赞成把所有问题都归因于父母，但不可否认的是，我们的人格的确和原生家庭分不开。所以，当我们身上出现连自己都无法接纳的特质时，不妨回到童年去看一看。

前两年我见梅子在工作中受委屈时，问过她：“你小时候和谁一起生活呢？”

她说：“从小父母离异，妈妈一个人抚养我，爸爸又不给抚养费，所以家境一直很贫困。”

梅子的妈妈是蔬菜小贩，她们每天吃的都是妈妈卖剩下的菜。有次梅子的同学要来家里玩，梅子请求妈妈：“今天能不能带一点新鲜的菜回来吃啊？”

因为前一天生意不好，妈妈心情很差，不仅回绝了她，还训斥她：“给你吃还挑三拣四，你除了吃，还会做什么？”

兴许妈妈这么说只是想宣泄心中苦闷，并无意伤害梅子，但还是给梅子留下了不可磨灭的印象。加上每天面对妈妈的苦瓜脸以及声声叹息，梅子感到十分紧张和自责。

长大后，梅子即使凭着不错的成绩上了大学，但也始终是人群里低着头、郁郁寡欢的那一个。

告诉自己“我没有错”，是走出不自信的第一步

很多不自信的女性都有一种相同的行为，那就是自我攻击。因为她们很多都出自破碎的家庭，抑或是父母常年争吵，所以她们对于自己在原生家庭的定位是不正确的。比如，梅子就觉得自己是个累赘，如果没有她，妈妈就会幸福多了。

这个错误的信念导致她好几年连头都抬不起来。即使别人夸她成绩好，她也觉得那只是老天给自己的运气，和自己的能力无关。

而在情感关系里，她是绝对奉献型的，不仅把工资全部交给老公，还包揽一切家务。到头来，老公都觉得这是理所应当的。

真正的转折点出现在去年。有次在地铁里，她给一个外国老人让座，人家当场冲她竖起大拇指，说她是自己曾见过的最美丽的中国女人。

梅子说，那一刻她震惊了，因为即使在恋爱期，老公都没有这么夸过她。于是她回到家后仔细地照了照镜子，发现除了下巴有些小痘痘外，五官端正，皮肤白皙，一点也不丑。

她这才发现，虽然三十几岁了，但她的心却还留在妈妈那里，她对自己的价值评估还停留于妈妈当年对她的评价上。换句话来说，过去她一直过着行尸走肉般的生活，没有活力，也没有魄力。

后来她把在地铁里的经历告诉我，我能明显感受到她语气

里的那种欣喜，那是一种少女的欣喜，我立即给予肯定："你本来就是钻石，终于被人发现了，从此可以大胆地散发你的光芒了！"

梅子犹豫地说："如果我好，那为什么妈妈从不夸我呢？"

我告诉她，你只是你妈妈生活的一部分，但你的生活状态也是她生活状态的一种折射，因为她过得不幸福，这个不幸福的信念抹杀了她对一切的热情和认可，包括对自己最爱的女儿。

所以，我郑重地告诉她："一切都不是你的错，只是当年妈妈没有能力发现你的好而已。"

人的发展是终身的，总有办法重塑幸福

演员伊能静在回忆童年时光时，会毫不避讳地说那是一段完全没有阳光和自我的岁月，她甚至一度想过自杀，而她的转折发生在一节心灵瑜伽课上，老师引导她给妈妈打个确认的电话。电话内容是："妈妈，是不是因为我出生后爸爸离开了，所以你一直恨我？"

这令妈妈猝不及防，陷入沉思，而后澄清这一切不是伊能静造成的。伊能静从此便释怀了。

在那个当下，伊能静才与自己达成和解，并开始接纳自己。她不断地告诉自己，自己是正确的，不是错的。在这个过程里，她不仅走出了第一段婚姻带来的伤痛，也找到了更适合自己的

伴侣。

在2019年的一档综艺节目里，她这样回应别人对自己的质疑：“很多人都说我伊能静很‘作’，喜欢晒我的爱人和家庭，说‘晒什么，代表缺什么’，现在我想反驳一句，‘只有缺什么的人，才会觉得别人在晒什么。我就是公主，我爱我自己’。”

的确，很多人在得知原生家庭对自己的影响后，以为这个影响是终身不变的，所以特别消极悲观。

但大家忽略了一个更重要的心理学理论：人的发展是终身的。你即使曾经遭遇了再糟糕不过的事情，也都有可能通过一些方法走出伤痛，重塑幸福。

那像梅子这样的情况，要怎么改变呢？

答案是从父母和原生家庭的视线里走出来，用自己的目光去重新端详和欣赏自己，直到爱上全新的自己。

梅子说，她以前连别人夸她都觉得是虚伪的，更何况去相信自己是优秀的呢？

但是，自从那个老外发自内心的赞美打动了她以后，她每天会给自己多安排十分钟的洗漱时间，认真地打扮自己，洗漱过程中还对着镜子温柔地笑。慢慢地，她看人时目光不再闪躲，并且在和同事交流的过程中，声音也变得更柔和明亮了。同事都说她变了，老公也夸她好像年轻很多。

有一句话叫“命运就是一个欺软怕硬的小人，你弱它就强，你强它就弱”，原生家庭对我们的影响也是一样的。如果认定它的力量是坚不可摧的，那我们就将作茧自缚，自卑的会自卑到底，抑郁的会抑郁到底。

如果我们认定自己有“破旧”的可能，那么原生家庭的枷锁就会自动打开，为我们的蝶变让路。

梅子在走出自我否定的怪圈之后，慢慢打开自己。她在重拾了自己室内设计的爱好后，很快得到了某家公司的认可，该公司愿意出更高的薪水请她入职，这在以前是她做梦都想象不到的机会。

最近我在一本书里看到这样的文字：“所有的痛苦都是被我们用意念和信念加固的。”

那些深陷原生家庭之苦的人，其实只要深信一切都不是自己的错，并认可自己是无可取代的，就会使那些原本隐藏在自己心底的美好逐一绽放。直到他们可以突破一切的限制，并大声告诉自己：“我是那个最值得、最配得到一切美好的人！”

妈妈总是控制我，然后我又开始控制我的孩子

我也是被这样管大的

在做有关亲子关系的咨询中，我接待最多的是焦虑的妈妈。她们因孩子的很多不良行为而感到无奈、恐惧、焦虑、紧张。受这些情绪的驱动，她们很容易和孩子发生冲突。在冲突结束后，当发现孩子仍旧无动于衷，甚至更加抵抗时，她们又会陷入无助和更严重的焦虑之中。

有个叫“小芸”的妈妈问：“我该怎么对付我那个孩子呢？她真的是油盐不进啊，让往东就往西，让往南偏偏往北。”

小芸认为孩子太乖张、任性，不找人修理一下，将来会无法无天。她之所以来找我，是觉得自己打骂都搞不定，需要更高级别的外援。

她的女儿已经十三岁了，我让她描述一下过去十二年里她

和女儿的相处模式。我诧异地发现，她女儿在十岁以前都异常地乖巧，可谓是百依百顺。

对此她沾沾自喜："是啊，我原来让她周末上五个课外班她都愿意。考试前让她半夜爬起来复习功课也没问题。"小芸不仅在学习上对女儿要求严格，还在兴趣方面剥夺女儿的自由，女儿喜欢画画，她说画画很难成功，女孩子跳舞更加合适，因为跳舞可以练就一副好身材。

更加疯狂的是，她居然给女儿报了两个舞蹈班，一个是民族舞，一个是街舞。她说两种一起学，相得益彰。后来女儿说："妈妈，你简直是变态！"

我问小芸："如果让你总结过去你对女儿的教养方式，你会怎么说？"

她说："要求严格，喜欢控制。"

我再问她："你喜欢这样的方式吗？"

小芸答："我也不喜欢啊，但是只会用这一招，因为这个简单、快速。况且，我也是被这样管大的。"

小芸这句"我也是被这样管大的"透露出很多妈妈的无奈。她也希望自己能够用更加高明的方法对待孩子，但是她从小就是在父母的控制下长大的。那她还有改变的可能吗？

有句话叫作"我不能掏出我自己都没有的东西来送给你"。对于一个母亲来说，最大的尴尬和痛苦莫过于没有宽容地对待自己，不能欣赏自己；可是她还要给足孩子这些，那岂不是纸上谈兵吗？

记得看过一部电视剧，说的是有位妈妈被大家称作“虎妈”，孩子才读幼儿园就被逼着每天在家里刷题，她听说会弹钢琴可以优先进名校，便强迫根本不具备条件的孩子去学钢琴，最后搞得孩子得了抑郁症。

后来这位妈妈在崩溃之后，回忆起自己的童年：二十几年前，她爸爸对她的逼迫其实比她对女儿的还要严重，然而当时她并没有得心理疾病。因为大环境不同，那时候信息和文化内容都比较匮乏和单一，孩子们的感知力也比现在的更弱。

而现在不同，孩子面临的学业压力比过去大很多。如果回到家还要面临同等的家庭压力，他们就很容易崩溃。

因此，父母的改变势在必行。

从控制型父母转变成民主型父母

那么，我们怎么给出自己没有的东西呢？这里需要做三个观察和改变。

第一个观察，观察自己的信念。

原生家庭带给我们的创伤通常会演化成两种东西：第一种是不合理的信念，第二种是未满足的期待。所以，我们可以从此下手，找出一些与养育有关的不合理信念，并且改变它们。

比如小芸的母亲曾经对她说：“孩子只有在父母的严厉管

教下才可能听话，如果等到孩子犯了大错才去管，那后悔都来不及。”

在母亲的认知中，孩子无论多大都不可能自律，不可能自动遵纪守法，所以父母的皮鞭就变得非常重要。

小芸想起自己的一句口头禅，与母亲的这个信念惊人相似：指望孩子自律，那是天方夜谭。

正是由于这个信念的存在，因此小芸对女儿所有疯狂的控制行为都变得自然了。

因此，我建议小芸找到一个更加合理的信念去替换原先不合理的信念。她说：“孩子是有自我管理能力的，只要父母给予充分的信任，以及做好他们的榜样。”

我表示赞同，并提醒她可以把这句话打印出来贴在自己每天看得见的地方，每当旧有信念浮现出来，就用这句话提醒自己，直到新旧观念交替成功，新观念成为自己思想的一部分。

第二个观察，找到我的未满足的期待。

在萨提亚冰山模型中，能引发我们产生情绪和不合理应对行为的，除了不合理的信念或者观点外，还有一些未满足的期待。

所谓未满足的期待，包括三种：别人对自己的期待、自己对别人的期待、自己对自己的期待。

在童年里，当父母对我们有很多期待，而我们无法实现他们的期待时，我们会因此愧疚和自责。而我们也会相应地对父母有很多期待，并且很多时候会以失望收场。

同时，我们也会对自己有很多期待，比如期待自己学习成绩优异，身材好，耐心又温柔，甚至期待自己变得完美……一旦做不到这些，我们就又开始愧疚和懊悔。

在养育过程中，很多母亲带着自己未被满足的“期待”而留下的情绪甚至是痛苦去陪伴孩子，而孩子无形中就成了这种情绪的受害者。

未满足的第一种期待，是母亲对小芸的期待。小芸说她的母亲对她最大的期待，就是希望她成为一名优秀的医生，因为这是母亲自己未完成的梦想。母亲觉得医生是一份崇高的职业，而且当医生还能让家里人获益。

因为想要小芸考取全国最好的医科大学，所以母亲对于小芸的学习抓得特别紧。

然而小芸没能实现母亲的期待，学了自己喜欢的法律，在一家国企做法务。虽然工作不错，但是她总能感受到母亲的失望，因此觉得愧疚。

这份愧疚让小芸有了“我不是个好女儿”的想法，而当她认同了自己不是个好女儿之后，便更加渴望变成好母亲。可她又继承了母亲原来的严厉和苛刻来扮演“好母亲”的角色，所以结果适得其反。

第二种未满足的期待，是小芸曾经对母亲的期待。她小时候特别喜欢跳舞，但是母亲认为小芸以后要做医生而不是舞蹈家，跳舞只会浪费时间，就驳回了她学舞蹈的请求。

而这成了小芸的一个很大的遗憾。在这个遗憾的驱动下，她不假思索地要求女儿在学习之余一定要去跳舞。其实女儿并不爱好跳舞，而是爱好画画，可是她不听，一定要把自己的爱好强加给女儿，于是导致了女儿的叛逆。

我们弄清楚了小芸之所以会以今天的教育模式来对待女儿的原因——受到了自己那些未满足期待的影响。

因此，我们需要去“释放”它们，比如“释放”母亲曾经对自己当医生的期待。既然我们勇敢地选择了另一条路，并且也做得不错，那么无须再对母亲怀有愧疚，只要把自己的成果呈现给她，并且对她的养育表达感激即可。

最后一种未满足的期待，是小芸对自己的期待。对于自己当舞蹈家的梦想，自己完全可以把这个梦想延续下去。自己在工作之余练习跳舞，以此作为减轻生活压力以及滋养身心的一种途径，而不是强迫女儿去完成——这样未满足的期待就产生了正面的影响。

第三个观察，找到父母在养育你时使用的积极、正向的资源。

如果对父母的养育方式只做片面的概括，比如控制欲强、格外严厉，那么这会令我们陷入一种怨恨之中，也会成为我们建构良好的养育方式的绊脚石。

而要从这个困局中走出来，我们就需要做出调整，即找到父母身上积极、正向的一面。比如父母虽然在大部分时间是比较严厉和专制的，但在有些时候也会把选择权交给我们，允许我们按照自己的想法去做事情。

而这些往事，就成了他们专制和严厉教育中的“例外”，也成了我们在教育孩子时变得更加民主、更加柔软的正向的资源。

比如小芸的妈妈虽然严厉，但是也非常自律和守信用。无论是在工作还是生活上，她对自己要求都很高，从来不松懈；另一方面，她承诺小芸的事情都会做到。

有一次学校要组织运动会，小芸随口说了一句“家长可以进去观摩”，妈妈就说：“那我去吧。”

其实那天上午妈妈需要在单位做报告，但为了能够参加小芸的运动会，妈妈把自己的报告时间提前了，然后骑了一个小时的自行车赶到了小芸的学校。

当小芸回头看到这些后，她对妈妈的看法也变得更加全面，情绪也比之前和缓了很多。她借此了解到，自己虽然学习到了妈妈的专制，但同时也习得了妈妈身上自律和信守承诺的好品质。

从那以后，她对自己更加宽容，在养育孩子方面也更加自信。

以上就是我们从控制型父母向民主型父母转换的阶梯。

抱怨原生家庭，能让你更幸福吗？

讨厌父亲给我的坏脾气

我写过不少有关原生家庭的文章，经常收到很多读者的留言，看完之后内心很沉重。因为他们都将自己不太理想的生活状态归结为自己的原生家庭不好。

其中一位说："就因为我爸爸脾气太暴躁，导致我现在也很暴躁，我老公总是拿这个说事，怪我不够温柔，不会控制情绪。"

她的老公怪她不温柔，她怪自己的爸爸脾气暴躁，这是她对于自己生活状态的解释。这在逻辑上似乎说得通，但是这样的解释对她的生活会有帮助吗？

这让我想到了我的父亲，他出生于二十世纪三十年代末，六岁时失去他的父亲，几年后跟随母亲改嫁，原以为有了新的父亲就有了新的避风港，进门后才发现继父家里已经有几个孩子，他加入这个大家庭，充其量就是给这个家增加一个后备的劳动力。

父亲是没有童年的，他只读过三个月的书，不到十岁就跟随他的继父种地干农活。爷爷是个非常勤劳的人，他和父亲没有感情上的交流，只有劳作方面的技术传授。另外，爷爷脾气暴躁，父亲干活若有松懈，田间会立即响起爷爷的震天怒吼，连邻居都说："狮子又在咆哮了。"

爷爷有一个和军规一样严格的规定，那就是早起。父亲一辈子不睡懒觉，就是爷爷严厉管教的结果。据说爷爷只要一看出父亲有赖床的苗头，就会立即拿起棍子吼叫："再不起来我就将你的腿打断！"父亲便魂飞魄散地连忙抓起衣服起床。

父亲长大后去当兵，而后被分配到外地工作，但是从爷爷身上"习得"的暴躁脾气却伴随了他一生。后来，父亲对待我们的方式，完全沿袭了爷爷的管教方式，他要求我们早起、守时、勤劳。若我们违反这些要求，他就和爷爷一样做狮子咆哮状。

传到我这里，已经是第三代了，我现在不但要求自己不睡懒觉，也无法容忍我的孩子睡懒觉。有一天我见儿子睡到八点仍不肯起床，也立即吼叫加威胁："再不起来，我就要打你屁股了！"孩子被我大声的恐吓吓得泪眼婆娑，我这才知道我在复制爷爷和父亲的教子方式。

我为此反省，并力求改善这种教育方式，早上在家里放舒缓的音乐，起床前做冥想放松，只为了能给孩子一个轻松愉快的早晨。

现在父亲已经八十岁了，从未抱怨过命运不公，或是爷爷太过冷酷和严厉；父亲反而大加赞许是爷爷让他拥有了勤劳善良的良好品质。而我也受其影响，并未觉得偶尔的暴躁是束缚甚至是摧毁生活的枷锁和毒药。

在过去那个年代里，教育都是和严厉相联系的。中华传统文化大多奉行“严师出高徒”“棍棒底下出孝子”的论调。

我们父辈都是受这些观念的影响长大的，过去私塾先生可以用戒尺鞭笞学生，父母亦可以就孩子的不端言行对其进行家法处理。在当时那个年代，关注生存比关注健康更甚，大环境如此，没有人觉得这是需要修正的。

而如今，随着经济的腾飞、社会的开放、西方文化的引入，大家对生命质量（又称生存质量、生活质量）的追求空前高涨。我们知道，健康不只是生理上的，还包括心理上的；我们还知道，现在世界上多了一门学科，叫作心理学，而心理学里，最常见的研究就是将人的个性和生存状态与他的原生家庭联系起来。很多人似乎是给自己的不幸找到了源头，然后拼死拽住这个源头，在内心大声嘶吼：“爸妈，是你们害了我，你们要为我的人生负责！”

将“原生家庭”的概念当作复仇的子弹去攻击自己的父母，真的是一种对自己生命极度不负责的行为。心理学引出“原生家庭”一词，是要帮助我们更了解自己，以及更理解他人，并不是为了被我们用作批判父母和宣泄怨恨的工具。

每个原生家庭，都存在着一个独特的传承基因

精神分析学派的鼻祖、心理学家弗洛伊德强调童年经验在人格形成中的重要性，认为个人生活的不幸可以从其过去的经历，尤其是童年时期的经历中寻找根源，即大多数心理疾病患者的病因，往往都可追溯到其童年时的成长环境和教育环境。

弗洛伊德对早期经验重要性的论述，主要集中在儿童心理需要的满足与挫折上，这些需要的适当满足，会促成人格顺利发展，而过分的放任和挫折都会使儿童的成长受到阻碍，并产生人格的负面影响。

这个理论无懈可击，从心理学诞生至今的若干年里，即使流派众多，但也没有哪位心理学家会否定童年在人的发展中的重要性。

然而，在我们过去的文化中，几乎没有哪个家庭接受过这样的思想洗礼，因此很多抱怨父母不够好的儿女，根本不清楚他们父母所经历的家庭模式是什么样子，他们父母的父母给他们父母留下了哪些不好的烙印和问题。

有些家庭里有世代流传下来的家族问题，比如暴力、冷酷、道德品行不良等。它们代代相传，你很难去追根溯源，找到最终问题出自哪一对父母。即便追溯到根源，人已千古，你也无

法把人揪出来问责。千万个家庭，千万种模式，而这些模式就成了家族的基因，在不断被复制和传承。

因此，即便我们的记忆里有童年受伤害的经历，也不能直接去怨怼我们的父母，因为这种伤害很可能是从我们的祖辈，或者更久远的先人那里延续下来的。

哪里有完美的养育方式？

二十世纪八十年代以前，由于家庭里孩子较多，大人忙于生计，大部分孩子都处于放养的状态，除了受父母言行的影响，就是遭受暴力惩戒，谈不上接受过真正的家庭教育。后来实施计划生育政策，一个家庭只有一个孩子，孩子的地位空前提高。家庭里祖辈、父母集体呵护孩子，掏心掏肺，天天鸡鸭鱼肉，唯恐委屈了孩子，结果却养育出一批又一批的巨婴型成人。

然而，从心理学上分析，以上放养的家庭模式和过度宠爱的家庭模式都是对孩子不利的。前者对孩子的忽视可能引起其内心爱的缺失，后者对孩子过度保护，阻碍了其独立人格的健康发展。

现在出现了第三种家庭模式——由于西方文化的涌入让更多的父母吸收了新的养育知识，从而促使家庭教育开启科学的养育模式。

但是，更多完美的家庭和孩子并没有因此而出现；应试教育的空前压力，引发了很多家庭矛盾，导致出现了更多的心理问题。这衍生出一个结论：没有绝对好的时代，也没有绝对好的教育方式。

我的一个读者J，她的父母都是教师，性格温厚善良，对她和弟弟都很尊重。但即使是这样的家庭出身，J也有着不为人知的自卑情结。

原因是J的父母喜欢音乐，J的弟弟也很喜欢，但是J却不喜欢，不仅如此，她唱歌还会走调。有一次父亲在学校里召集一个歌唱团，J被父亲叫过去训练，但J心不在焉的状态引来了父亲第一次严厉斥责："你这样不认真的态度，以后能做成什么事！"

同学们齐刷刷地看着她，让她感到羞愧难当。父亲并未察觉到这次批评对女儿的影响，但J却因此背负了很大的压力。从此她做什么事都会分心，总是在担心自己表现不好会再一次受到父亲的批评。

十几年温和的养育，却抵不过父亲一次严厉批评带来的影响，这无疑证明教育是个无比复杂的工程，因为人心是如此难以揣测。

著名的钢琴家郎朗，为了实现父亲的音乐梦想，从小被逼着苦练钢琴，完全没有任何玩耍时间。他九岁跟随父亲到达北京，打算扎根在此发展音乐事业，然而事与愿违，在拜访第一位老师时，就遭到严厉拒绝。

郎朗的父亲将在老师那里遭受的挫败感发泄到了郎朗身上。

他扔给郎朗一瓶药："你要么将这些药吃掉，要么就更刻苦地练钢琴。"

郎朗当时就被吓蒙了，但后来他坚决将父亲的药推开，愤怒地说："我凭什么要吃这些药！"然后父子俩便开始了在北京的音乐求学路。

你很难评判郎朗父亲的教育是好还是坏，但是郎朗凭借坚毅和努力成就了自己的人生——远比父亲的精彩。如今在提及童年被父亲用棍棒逼迫弹琴的往事时，郎朗已经消除芥蒂，毫无怨懑。这不得不引出另一个结论：教育本没有好与不好，只有适合不适合。

原生家庭固然重要，但什么才是真正好的原生家庭，却只有停留在理论上的答案。

放下过去，才能成长为更好的自己

我有个学习心理学的朋友说，自从接触了心理学，反而不知道该怎么养育孩子。她苦恼的地方在于太重视原生家庭对孩子的影响，生怕自己哪句话会对孩子造成伤害，哪个行为会对孩子的成长造成不利的影响，所以每天小心翼翼，如履薄冰。

我和她讨论后得出的结论是，她的内心有两个原生家庭，一个是她与父母的，一个是她自己后来构建的。这两者经常在身体里"较劲"，让她无所适从。

她不接纳过去的那个原生家庭，强烈地想挣脱，却反而将有关它的那部分记忆在心里强化。而当她后来想重新构建一个全新的父母关系模式时，就显得力不从心。

后来，她通过一些特殊的心理学手段（空椅子技术）和过去的一段不愉快的记忆告别，安抚当时那个受伤害的自己，从而得以解脱，开始专注于当下的生活。

很多人是带着对过去的恨生活的。当恨太多的时候，爱就无法进入，而一个没有得到爱的滋养的生命，要么走向枯萎，要么走向灭亡。

要想让生命获得力量，就必须和恨告别，去接纳童年的那部分记忆。

有哲学家认为，童年决定了我们生命初期的生命质量，但成长却是我们一辈子要去完成的事情。

有些人会将自己留在童年，一直纠缠在对父母的怨恨中，拒绝改变和成长；而有些人，为了追求饱满而幸福的人生，奋力摆脱原生家庭的影响，活出了自己喜欢的模样。

著名人本主义心理学家罗杰斯说："好的人生是一个过程，而不是一种状态；是一个方向，而不是终点。"换句话说，人生其实就是不断突破和成长的过程，童年不是束缚和决定人生的枷锁和终点；决定我们人生方向的，不是原生家庭，而是我们自己。

因此，我们可以尽力为下一代创建一个健康的原生家庭，但是无须将上一辈的问题，当作我们拒绝成长的理由。

我该如何从原生家庭的泥淖中走出来？

在发表了关于原生家庭的文章之后，我收到了很多读者的来信和留言。有的读者和文章产生了共鸣；有的读者则表现出更多的困惑，认为自己的情况与文中的案例有些差别，不知道该做些什么才能让自己生活得轻松些。

依然：父母如此轻视我，我该如何重视我自己

依然是潮汕人，今年二十八岁，上有哥哥，下有弟弟，她排行老二。虽然是家中唯一的女儿，但是因为潮汕当地重男轻女的观念根深蒂固，所以她非但没有获得父母的宠爱，反而是家里最受冷落的孩子。

家里开饭店，依然从小就被要求去店里做帮工，但哥哥和弟弟却可以幸免。父母的理由是男孩子要多读书，以后才会有

出息，而女孩长大后只要会相夫教子就可以。

依然自小聪明懂事，也暗暗地努力学习，希望长大后能离开这个没有爱和关怀的家。但是在她考上高中以后，父母却告诉她，饭店需要人手，而女孩读书太多也无用，干脆让她回饭店帮忙。

梦想通过上大学改变命运的依然陷入绝望中。看着花大价钱才上了大学的哥哥，以及被家人宠溺得乖张任性的弟弟，依然对父母产生了浓烈的恨意。

依然在饭店帮了七年忙以后，因不满父母的强势干预（让她嫁给当地一个没文化的生意人）而离家出走去了遥远的广州。父母因此要和依然断绝关系，并将过去她对家里所有的付出一笔抹杀，和亲戚邻居说她是不孝顺的白眼狼。

依然：难道只有无条件服从父母，才是孝顺吗？

K：童年被抛弃，该如何面对孤独又白发苍苍的母亲

K 是一位四十岁的男士，他说自己是个特别内向的人，即便在老婆孩子面前，也很少流露感情。

他说和陌生人说话会更自在，因为对方的评价和建议会更加客观。由此可见，这位先生是个对家人设防，且没有安全感的人。

翻开他的过往历史，才发现他在人前的害怕和紧张，以及

对人的不信任都是源自童年的创伤性经历：父亲离世，母亲抛下他改嫁。

六岁以前，他过着风平浪静的日子。但是六岁那年，父亲暴病去世，母亲整日以泪洗面。带着他和妹妹生活了半年以后，母亲就带着妹妹改嫁他乡。

日子陷入了地狱般的绝境，六岁这年，他成了孤儿。那时候通信不发达，没有人告诉他母亲嫁到哪里去了。此后，陪伴他的只有年迈且半瞎的爷爷，以及村里的一只野狗。

他在学校没有朋友，回到家面对内向的爷爷也几乎不开口说话。直到高中毕业，遇到了他的爱人，她给了他很多的理解和关爱，那时他才觉得人间尚有一丝温暖。他们一起打工，一起开店，最后将小店升级成一家公司。

“我的经济情况不错，还有了两个儿子，他们都很健康，但是我的心里始终空落落的。我无数次梦到那个场景，母亲带着妹妹走了，我在村口哭着追……

“前几年继父离世，随后母亲一个人生活，很多人认为我应该将母亲接至身边让她安度晚年，但是我不愿意。因为一见到母亲，内心的伤口就会隐痛，甚至流血，有关那些食不果腹、风雨飘摇的日子的记忆，就又浮现在眼前。

“可是，我这样做是不是太不孝顺了？”

小米：为什么我越想逃离母亲，母亲的影响却越强烈

小米说她的童年简直是灾难——父母经常当着她和哥哥的面吵架，而且母亲还动不动就拿棍子打他们两个。

这一打，就是十几年。母亲最后一次打她，是在小米上高二的时候。有一个周末，小米边走边和同桌的男同学讨论一道数学题。谈话间，那个同学将自己的笔记本递给小米，说自己的解题思路都记录在笔记本里，让小米带回家好好看一看。

就在这时，小米的母亲出现了。她以为小米的同桌是在向小米传递情书，便将她拉到一边给了她一巴掌，并训斥她："你的重点是学习，不要做不要脸的事！"

小米半天才回过神来，这一记耳光，连同那句"不要脸"成了她青春岁月里最沉重的烙印。后来小米为了逃离父母，考取了外省的大学。

原本以为只要逃离了父母就可以过得更好的小米，却发现自己对待丈夫以及孩子的态度，和母亲对自己的竟然惊人地相似。

小米：为什么我越想逃离母亲，反而越像她呢？

如何从原生家庭的泥淖中走出来？

以上是三个读者的故事。三人各有各的不幸和痛苦，有被

忽视的，有被抛弃的，有被殴打甚至羞辱的。

曾经的他们以为随着时间的流逝，这些痛苦会慢慢消失，可是长大以后才恍然发现，这些伤害及其造成的影响已经成为他们生命中的一部分，并且牢牢地控制着他们的生活。

这就是童年的影响。那么，恶劣的童年遭遇背后隐藏着哪些关于父母的关键信息？

第一，时代以及地域的原因。

依然生活在潮汕地区，这个地方有比较浓厚的男尊女卑思想。不仅是依然自己，她的母亲也有过被父母忽视和冷落的境遇，只是母亲比依然更加不懂得反抗以及争取自己的权益。

第二，父母的童年也有缺陷，他们未曾得到过来自自己的原生家庭的无条件的支持和爱。

我曾在一部电影中见到一个孩子哭着对父亲说：“你为什么从来都不对我笑？”

父亲沉默了，孩子的母亲说：“因为你的父亲是个孤儿，他从来没有见到过他的父亲对他笑。”爱如果是一种能力，那也不是人类天生就具备的，而是后天习得的。教我们如何去爱的人，正是我们的父母。

第三，父母本身有被虐待的经历。

我们每个人都有一份个人病史，上面会记录我们是否有家族遗传史、传染病史或者过敏史。其实除这些生理遗传之外，心理遗传对我们的影响更大。

比如，一个有暴力倾向的孩子，大概率出身于一个充斥着暴力的家庭；一个冷漠的孩子，大概率出身于一个没有爱的家庭。同理，如果我们的父母擅用暴力或者言语攻击，这在很大程度上表明，他们曾在自己的原生家庭里受到同样的对待。就如同我父亲那样，他在继父的吼叫声中成长，因此吼叫和暴躁成了他最明显的标签。

家庭中的代际传递，和基因复制一样，对我们的生活造成巨大的影响。那么，当我们在发现自己的生活问题与原生家庭有着不可分割的关系的时候，可以做些什么以最大程度肃清其负面影响呢？

第一，接纳：无论好坏，童年都是我们生命里的一部分。

接纳，不是接纳来自父母的伤害，而是接纳我们的生命中有一段时光是充满苦难和荆棘的这一现实。父母以及家庭给孩子带来的伤痛是人为的，但也可以被看作某种天意，因为没有哪位父母会在孩子刚出生的时候就发誓要伤害自己的孩子。

而在一系列不良行为的背后，一定有我们潜意识的某些动因。因此放下与父母的纠葛，就是我们处理童年创伤的第一步。

第二，认同：我们的父母也有不幸的童年。

我们的习惯和行为方式大多是从父母那里学习来的，而我们的父母亦然。他们对待我们的态度，也是他们的养育者对待他们的态度。

他们的情绪处理方式、养育态度，极大程度都代表着他们父母的方式和态度。所以他们抛弃、羞辱和殴打的举动，或许都是来自他们童年遭受的一种强迫性重复行为。他们内化了父母的毒，然后传递给自己的孩子，自己的孩子就成了第三代甚至第四代受害人。

当你觉得自己是原生家庭的受害者时，几乎可以断定，你父母也是原生家庭的受害者。这样或许可以减轻你的恨意。

第三，分辨：父母的人格是不是健全的。

现在的教育奉行方法论，认为父母是一门终身职业，需要经历正规训练，只有掌握了基本技巧才能养育好孩子。但事实上，教育的本源不是单一的方法论，而是父母的人格论。我见过高学历的父母当街羞辱自己的孩子，也见过目不识丁的父母特别尊重和爱护自己的孩子。

如果父母本身人格不健全，或者有着明显的心理疾病，那么带着他们按正规途径进行治疗是上策。如果他们拒绝，那就尽可能和他们保持一定的界限。

第四，倾诉：你们曾经伤害了我！

中国历来将弘扬孝道列在民族教育的首要位置，但是孝的背后，其实需要另一个词来支撑，那就是“慈”。如果父母做不到对子女慈爱，那么子女就很难发自内心地去孝顺父母。

假如你的父母伤害了你，甚至抛弃了你，你不可能一边捂着流血的伤口一边大声地说“我爱你，我感谢你”，这是不正常的情感反应。

最好的疗愈途径是面对面和父母沟通，让父母知道他们当年的所作所为对你造成的伤害，让他们知道你不是不愿意孝顺他们、亲近他们，而是你暂时没有这种能力。

就如我的朋友琪琪那样，她直到四十岁还带着儿时母亲留给她的消极影响生活，一度精神崩溃到想要服毒自尽。后来她接受了心理治疗师的建议，通过电话告诉母亲，当年母亲那样冷落并且怨怼她，给她的人生带来了巨大的影响。母亲首次承认了自己的过失，她才得以将童年那一页翻过去，开启新的生活篇章。

最后，如果你觉得自己的状态非常糟糕，过去的创伤极大地影响了现在的人际关系和生活，那请你去找专业治疗师做治疗。如果创伤来自父亲，就去找和父亲年龄相仿的男性治疗师；如果创伤来自母亲，就去找和母亲年纪相仿的女性治疗师。相信治疗师这一个重要客体，可以为你提供一种理想父母的形象，帮你逐渐修复来自现实父母带给你的那部分创伤。

生命最初，我们借由母体来到这个世界，过程是被动的。今天，我们可以通过童年留下的那道裂缝迎接生命中的第二缕阳光，让自己获得重生。

童年不完美，照样活出“开挂”的人生

从《北京女子图鉴》谈起

前几年有部网络剧特别火，叫作《北京女子图鉴》。对比剧中女主角艰辛的奋斗经历，更夺人眼球的是她不断更迭的感情经历。

当时有网友说，明明是北漂励志剧，但透过女主不断靠男人进行价值迭代、职位提升的过程，分明看到了某种价值观的倾斜：似乎女人的成功，都必须依靠男人的帮衬和搭桥才能实现。

其实这是编剧关于女主角陈可的人生走向埋下的一个伏笔。

陈可一出生，父母就离婚了，以至于她的成长经历中完全没有父亲的印记。

陈可改名前叫“陈可依”，这个名字是母亲取的，寓意是女儿能否成功不重要，重要的是要找个靠谱的人去依靠。这和母亲在她毕业后为她做的人生预设相吻合：找个差不多的工作、差不多的男人，过差不多的人生。

然而，女儿偏偏不甘平凡，梦想去北京打拼出一片属于自己的天地。她与离异后一直孑然一身的母亲完全不同，她会通过与十几个男人交往去找寻幸福的所在。

走出被父母安排的人生

为什么会这样呢？甚至有观众认为戚薇身上也有类似的表现，我们先从陈可说起。

对父爱的渴望，推动陈可在数段恋情里徘徊。

某项调查表明，缺乏父爱的女孩，很容易走向两个极端：一个是迫不及待地去恋爱，一个是对爱情敬而远之。具体表现为以下两种：

第一种源自对父亲的渴望，希望通过某个异性来找到父亲的气息。

第二种或是因为父母不愉快的婚姻经历，或是认同母亲对父亲的憎恨，导致其对情感和婚姻感到恐惧。

陈可属于第一种。她在大学时就有男友，两人发誓要永远在一起。毕业后，男友不敌家庭压力，主动提出了分手。

而后的剧情是，她一边在职场摸爬滚打，一边游走在不同的男人之间。

陈可先是对已婚男人吴昊动了心，在得知对方已婚身份后主动退出；又和上司张超惺惺相惜，却因价值观冲突在生日当天选择了分手；后因业务关系结识富二代于扬，满以为这次离结婚不远，然而人家却从未把她当成结婚对象。

走出于扬家门后不久，她又成了一个落魄猥琐的摄影师的“猎物”……

屡试屡错，但永不停歇。这句话用来描述陈可对爱情执着的态度，丝毫不为过。

观众都很唏嘘，为什么她会这么容易爱上一个人？

与其说她容易爱上别人，不如说她是急切地想摆脱单身，以及找到那个记忆中的与父亲接近的人。但是，越是抱有这样的幻想，她的情路就越不顺利。

接下来，我们再说说戚薇。

那段时间里，随着《北京女子图鉴》的热播，戚薇的人气再一次飙升。因为演技出色，很多人会提出两个问题：她是不是四川人？她是不是出身于单亲家庭？

对于以上两个问题，戚薇都给出了肯定的回答。

戚薇是四川人，自曝两岁时遭遇父母离婚，从小和母亲相依为命。不仅如此，母亲还会因学习和练小提琴等事情，对她大打出手。最严重的一次是母亲拿着小提琴直接往她背上砸。

按理说，这样的童年既不完整，也不美好，甚至比陈可的还要糟糕，但戚薇却对这些经历不以为意。

或许正是这样不以为意的态度，使她不仅和陈可一样能在事业上不断“开挂”，而且在情感问题上还有更加清晰和从容的选择。

看戚薇的微博，无论是女儿生日，还是自己生日，作为丈夫的李承铉都会精心布置，并大方示爱，而她也毫不避讳地给予回应，表明自己生活在爱与被爱中，这引来大批粉丝的驻足和羡慕。

而回顾她的情路历程，她自称有过三段恋情，但都是在为后面的婚姻做铺垫，并直言一见到李承铉就知道这是她想要的男人。

有心理学家说，不完整的婚姻很容易养育出低价值感的孩子，尤其是女孩，更会因为身边男性力量的缺失，而失去对异性的辨识能力并降低对婚姻的信任度。

显然，戚薇没有这样的困扰。她对待爱情，完全没有陈可那样的茫然和冲动。她还通过媒体公然发声，打破娱乐圈潜规则，就算为此丧失演出机会，也在所不惜。

这些，都是她高自尊的表现。足以见得，父母破碎的婚姻并没有给她带来负面的影响。

童年过得怎样，来源于你给心灵地图填充了怎样的色彩。

初学心理学的人头脑里很容易产生这样的公式：完整的家庭 + 相爱的父母 = 好的童年 + 好的人生。

从理论上来说，这种说法的确有道理。我们最初来到这个世界时，记忆系统是空白的。七岁左右，我们的感官慢慢打开，我们吸纳环境里每个成员给我们输送的一切，包括他们的生活模式、相处模式，以及情绪模式。

这一切在我们的内在不断累积、整合，最后让我们成长为一个独特的个体。

于是，很多人在成年以后，每当感到困扰或悲伤时，都会受到那个公式的牵引，从而找到一个冠冕堂皇的理由：都是我阴霾的童年造成的，都是父母让我变成这样的，所以我得不到好的爱情，也得不到好的事业。

这样的归因方式，使得痛苦成了他们的常态，童年成了他们无意识封闭自己的牢笼。

积极的人生不应该是这样的。著有《少有人走的路》的派克曾说，每个人都会有一幅由自己亲手勾勒的心灵地图，之所以你会活成现在的模样，并非因为你见到了什么、经历了什么，而恰恰是因为你赋予了那段经历什么意义，为它填充了什么色彩。

改写人生，从积极赋义开始。

美国九一一事件过后，大量的人都需要进行心理危机干预，包括亲历者和旁观者，其中有很多是孩子。

但是，当专家接近这些孩子的时候，发现在成人眼里的灾难会被孩子解读出另一种意思。

有个孩子家的窗户正对着事发大楼，他和家人目睹了有人从楼顶跳下来的全过程。他的父母为此深感自责，认为这会给孩子一生打上恐惧的烙印。

然而，当专家用绘画方式引导孩子还原当时的情境时，孩子在楼下画了一张弹簧床。他说："那个人从楼上跳下来，然后被弹簧床接住了。"

在场所有人都震惊了。原来任何事情，包含世俗意义上所谓的灾难，都可以借由我们积极的想象，被赋予爱和圆满的意义。

因此，当戚薇在接受采访谈及自己的童年经历时，不仅没有表现出丝毫的遗憾，还嘴角上扬地说："那些经历，并不代表我童年过得不好，相反却给了我坚强的信心和勇气。"

另外，虽然父亲缺位，但她把外公当成情感力量的来源，亦抓取外公优秀的特质作为择偶的标准。这很好地诠释了一种理论：如果我们将问题导向转换为资源导向，就基本能找到自己想要的东西。

你的幸福程度，取决于你的接纳程度。

在《抱怨原生家庭，能让你更幸福吗？》中，我写过父亲的经历：他从小丧父，幼年没有读书，一直干重体力活，没有享受过一天的惬意生活。

然而，当他生病入院，我面对面和他探讨人生时，才发现我所了解的那些只是他童年故事的冰山一角。

原来在他生父去世后的几年里，即他四五岁之时，曾因不被继父接纳，而被寄养在亲戚家里。从此他沦为周围孩子集体攻击的对象，他们甚至用“野种”来代替他的名字。

父亲不知道挨了多少饿，更不知道被人打过多少次。听得我心都在发颤，但是当我忍住泪水去看父亲的脸时，却发现他如此平静。他说：“我并没有觉得有多苦，只是在想怎么才能更好地活。”

那一刹那，父亲的形象在我心里再一次高大起来。

很喜欢一句话：你的幸福程度，取决于你的接纳程度。

父亲将所有痛苦全盘接纳，不与父母对抗，不向命运低头，也因此才有了后来的成功和幸福。

陈可最初的急于恋爱、改掉名字，以及为母亲的节俭抓狂等行为，都是对现实生活无法接纳的表现。所以，她才会从一个泥潭跳入另一个泥潭。

而戚薇大方地承认自己的过往经历，表示无论是父母离异，还是母亲打骂，她都会全然接纳，甚至表示这并不影响自己有个温暖的童年。

有句俗话说，成功不是白来的。我想说，幸福更不是唾手可得的。如果我们正视过去，并给每段经历积极赋义，然后内观自己，找到自己的人生目标和与其相匹配的资源，那就能够收获幸福，并活出自己。

第二部分

我们该怎样爱与被爱

你结婚的目的，决定了你婚姻的质量

婚姻不幸福都是因为错误的结婚目的

“你当初为什么选择与他结婚呢？”在做婚姻咨询时，我经常会问来访者这个问题。很多人听到这个问题后会陷入沉思，还有人会反问我：“这和我们婚姻中的矛盾有什么联系？”

联系其实是紧密的，就好比一个孩子不知道自己为什么读书，读书的目标是不明确的，他就算一时努力了，也可能因为没有努力的方向而后劲不足，无法持久坚持下去。在《夺冠》这部影片里，郎平在回归国家队当教练的时候，发现队员们虽然资质不错，但精神涣散，球打得也不好。于是她让每个人都停下来问自己两个问题：“我打球的目的是什么？我爱排球吗？”

队员们瞬间沉默，她们回顾过往，居然从来不知道自己为什么打球，也不知道自己到底是否喜爱排球。

也是从那以后，所有姑娘都去寻找自己打球的意义和目标。相信等到她们找到时，她们的内在动力定会被激发出来。

回到婚姻上，这个问题也是需要探寻的。有人说婚姻只是一张纸，但是促成婚姻的目的却是千差万别的。

而正是这些差别，为往后的婚姻生活是否幸福埋下了伏笔。

过去有句话叫作“婚姻是女人的第二次投胎”，所以女性在选择婚姻时需要慎之又慎。虽然这话放在现代社会已经有点过时，因为很多女性已经不会把婚姻当成一种必需品，但是对于大部分保持传统观念的女性来说，和谐的婚姻仍旧会给生活乃至生命增光添彩。

如果你将要步入婚姻，或者你的婚姻已经出现问题，那么不妨跟着我来看看你的结婚目的将会或已经给你带来什么影响？

第一，如果你是被逼结婚的。

看到这句话你可能会觉得不可思议——逼婚这种事还会发生在现代社会吗？这种情况的确是有的，只是出现的概率比以前低了。

来访者熙熙说，大概是因为妈妈对她太没有信心吧，嫌她长得不够好看，能力也不够强，所以她大学一毕业，妈妈就张罗着七大姑八大姨给她安排相亲对象了。

这样的现象不仅在农村普遍存在，在大城市也屡见不鲜。父母过于焦虑，认为嫁不出去的女儿就是烂在地里的菜，过了时候就无人接收了，所以，他们会催促女儿结婚。

强大、自主的女孩还好，知道自己有价值，可以和父母进行一番迂回，然后继续享受单身生活。

而内心不够强大，或者从来不敢违抗父母命令的女孩，很可能会在父母的催促中半推半就地把自己嫁出去。

熙熙说她本来还想拖一拖的，结果听了妈妈一句话就不再犹豫，仓促把自己嫁了。妈妈说的是："娘家又不是你真正的家，你真正的家是你结婚后的那个家。"

熙熙把这句话理解为妈妈在下逐客令，所以不管三七二十一就嫁了。原本是被妈妈催眠，想要拥有一个真正属于自己的家。没想到的是，结婚后，丈夫酗酒还家暴，让她更加没有容身之处。

熙熙认为自己运气差，所以才会嫁给这么糟糕的人。

我告诉她："你结婚的出发点就错了。他或许是真心爱你的，但是你并不爱他，所以当他看出了你对他没有感情时，就会愤怒和委屈，从而用酗酒、打牌来发泄。"

熙熙认同我的说法。她回忆在结婚之前，其实丈夫问过她："你真的要和我结婚吗？"丈夫的意思是："你真的爱我吗？要和我过一生吗？"而熙熙只是单纯地理解为："你真的想结婚吗？"因此，她给了丈夫肯定的答复，而丈夫就误以为她是真爱自己的。因此当他在婚后感受到妻子根本就不爱他时，充满了愤怒。从此，他们的生活就变得鸡飞狗跳。

第二，如果你是因为恐惧而结婚。

恐惧什么呢？恐惧自己会变成剩女，然后被人评论没人要，是老姑娘。

虽然现在时代不同了，很多女性已经不再依靠婚姻来标榜自己生活的完整，但是还有很多女性是向往婚姻的，是认同婚姻是人生的必需品的。除此之外，还有很多人非常传统，认为女孩结婚一定要趁早，否则就会没有市场。

这样容易导致一种风险，那就是选择配偶范围会因时间的紧迫而缩小。因此，即使你能够在自己制订的时间范围内找到结婚对象，这个对象也很可能只是个“差不多先生”。你们只是看起来般配，但彼此并不相爱。

结婚后，如果你对婚姻的认知仍旧停留在差不多的层级，比如有个女孩说“我知道他不搞小三不家暴就行了，世上哪有那么多真爱啊，还不都是将就过日子嘛”，而且你的另一半也是这样想的，那么你们就能一直相安无事地过下去。

如果你们有一方变卦，认为既然婚姻要持续几十年甚至一生，彼此就一定要深爱、互相欣赏，那么你们的婚姻就会出现问题。

如果发现这个“差不多先生”身上真的没有令你欣赏的地方，相反还有很多你看不惯的臭毛病，你就会觉得自己上当了，投资失误。因此你开始对他横挑鼻子竖挑眼，你们婚姻的质量也会大打折扣。

第三，如果你是因为想摆脱单身生活带来的孤独感或者困惑而结婚。

除了因不敌父母逼迫而结婚的，以及因生怕自己成为剩女而结婚的，还有一种女孩，她们把婚姻当成摆脱当下生活困境的救命稻草。

她们也不知道从哪里听来的这段话：婚姻是一种解决问题的途径，也是一张通往幸福的船票。

她们要么觉得和父母生活在一起没意思，要么觉得自己居无定所很孤独，要么觉得自己形单影只而羡慕别人出双入对，所以盼望着有个男人来保护自己、陪伴自己。

我有个读者小莫就是这样，她说："我很讨厌和父母在一起，我妈妈强势，我爸爸则很啰唆，所以我急切地想要搬出去独自生活。后来正好有个同事追求我，而且他有自己的房子，于是我很快就答应和他结婚了。"

不用问，后来她的生活肯定是问题重重的。她百思不得其解："老师，我丈夫在结婚前怎么有那么多狐狸尾巴没有露出来啊？"

我开玩笑地说："你丈夫是不是又啰唆，控制欲又强？你感觉他一点都不温柔体贴？"

她点头如捣蒜："你怎么知道啊？"

我说："因为你原来的生长环境里就有爱啰唆和控制欲强的双亲，而你越是急于摆脱他们，越是会吸引同类型的人来到你身边。因此你会感到现在好像不是在和丈夫生活，而是继续和父母在一起。”

她恍然大悟。这涉及一个问题——当我们在一个环境里遇到困难或者冲突时，如果我们只是简单地跳出这个环境，而不是去反思自己，或者不去让自己成长，那么即使换了环境，相同的问题仍旧会出现。

综上所述，三种错误的结婚目的会导致各种各样的婚姻问题出现。

掌握主动权，为你的婚姻寻求改变

那么怎么调整呢？

第一，重建一个新的目标。

不管过去是因为父母、恐惧，还是因为想要摆脱某种困境而结婚，只要我们发现婚姻出现了问题，问题就像一块鸡肋摆在你面前，那么当下就要仔细问自己：“我接下来想过什么样的生活？我要如何取舍？”

最简单的问题是：我是离婚，还是想办法经营好这段婚姻？

通常，当我问起我那些来访者的时候，她们的脸色立马就变了。过去混混噩噩的，眼神是迷茫的，但一旦听到这个问话，她们都会为之一振：“原来，我还是有选择权的。”

是的，除非对方非离不可，否则你都有两项权利：选择权和决定权。

如果你已经意识到是你当初做决定太过仓促，忽略了对方的感受，那么当下你对对方的抱怨就会减少一半。

你甚至可以开诚布公地去对你的伴侣说：“对于目前我们婚姻的状况，我是有责任的。所以，我愿意做出更多的调整和努力来让我们的婚姻更加和谐美满。”

人一旦掌握了主动权，就拥有了力量。如果你愿意为你的决定负责，而对方也甘之如饴，那么你们的婚姻就会进入一个新纪元。

第二，从零开始，不翻旧账。

既然确立了目标，那就没有必要去频频回顾，计较对方曾经对你做了什么过分的事情。如果自己还没有改变，却期待对方先一步改变，那么你们又将会陷入僵局或者权力斗争。

而更合适的做法是，自己先付出一百分的努力，并且不要期待对方马上做出相等的回应。

我特别赞成一种观点：婚姻其实是一个人的事情。当一个人的内心真正成熟时，他就不会把对经营婚姻的期待都放在对方身上。他会把婚姻当成自己的事业，用心地去经营。而在他的影响下，对方即使是有过偏差、怠慢，也会慢慢地调整到与他一致的频率中来，直到两个人真的能做到琴瑟和谐、惺惺相惜。

因此，当你决定要好好经营婚姻时，先让自己成为婚姻的第一责任人，不去抱怨对方过往的行为，也不要去计较是谁付出比较多。记住一条，这是你自己选择的路。

第三，去处理未完成事件。

有个心理学家说过："如果你是因为不能忍受孤独才结婚，那就先去处理你的孤独。因为你结了婚后可能会更孤独。如果你是因为没有钱才想要找个人养活自己，那我劝你先努力养活自己，不然你的伴侣迟早会瞧不起你。如果你是因为和父母相处不好才结婚，那还是先想办法处理你和父母的关系吧，不然那些在原生家庭出现的问题，又会转移到你的婚姻里来继续作怪。"

这话非常在理。如果你把婚姻当成解决问题的钥匙，那只会创造出更多你解决不了的问题。

所以，不管过去你心里有什么伤，你都要先勇敢地去缝合上药，让它慢慢愈合。唯有这样，你才能舒舒服服地轻装上阵，去创造你梦寐以求的理想婚姻生活。

就像读者小莫，她在处理了对父母的不满和愤怒以后，转身就发现老公也变得不同了——他好像并不是那么啰唆，控制欲也没有那么强。她说："他好像脱掉了一层酷似我父母的外衣，重新变回了自己。"

如果你也有婚姻上的困扰，那么以上就是有助于你思考和重塑婚姻的建议。

在婚姻里，千万不要期待一百分

最近认识了一位律师，她每年都会处理很多的离婚官司。我问她：“在你看来，婚姻中最重要的纽带是什么？”

我提供了三个选项：孩子、爱情、价值观。

她听完后摇摇头：“都不是，是自我。”

比如有些女人的自我认同是模糊的，她们对自己的认同只有六十分，但希望在婚姻里表现出一百分，好让丈夫看不到她们那个“六十分的真相”。因此，她们会为了丈夫和家庭鞠躬尽瘁、无所不能。结果呢，丈夫却仿佛在面对一个隐形人，或者是一个一直在提供劳动和服务的陌生人，反而会疏远甚至背叛她们。

我们经常说很多夫妻离婚是因为性格不合。其实不然，很多婚姻触礁都是因为夫妻双方没有把三种关系理顺。

而在这位律师看来，越是过度付出，越容易情感分裂。有部电视剧叫《王贵与安娜》，安娜为了丈夫的事业放弃了考大学，从此在工作上再无上升机会。正因如此，她隐藏在内心的遗憾，成了他们婚姻的一个死结：丈夫认为你既然选择了就不要后悔；而她则认为，我是为了成全你才放弃了机会，所以你必须一直感恩戴德……

律师朋友说："令我最遗憾的是，那些在婚姻里舍身忘我付出的人最后却惨遭抛弃和冷遇。我真想对他们说：'你们可不可以在婚姻里只扮演八十分的角色，留一点空间爱自己？'"

为什么要和我离婚？

我曾遇到过这样一个咨询案例。咨询者是一个叫"小西"的女孩，她一来就泣不成声，对于自己失败的婚姻感到无比地委屈和困惑："老师，我哪里做得不对呢？我真的是事无巨细地为这个家庭、为我的丈夫考虑啊！他居然还要提出离婚。"

小西和丈夫是同事，丈夫当初是被小西的懂事和体贴打动的，而小西则是被丈夫的自信和干练所吸引。两人一拍即合，恋爱半年就结婚了。

结婚后小西简直把丈夫奉为大爷，每天早晨要比丈夫早起一个半小时，做花式早餐，熨烫西服衬衫。等丈夫起床后，她又立即倒好茶，挤好牙膏，活活一个五星级保姆。

她不仅在生活上全方位照顾丈夫，在工作上也是事无巨细地帮忙。丈夫有应酬，她也跟着去；丈夫不胜酒力，她就挺身而出。

如果丈夫加班，她就带着煲好的汤和做好的菜去单位里陪伴他。哪怕到了十二点，只要丈夫不下班，她就不离开。

我问她：“那你还有社交吗？”

言下之意，你还有自己的生活吗？

小西说：“丈夫和家庭就是我的全部生活啊！”

我告诉她：“听起来是没有错的，但是你别忘记，这个家庭不仅是你的，也是你丈夫的。你在事无巨细地照顾他、照顾这个家庭的时候，有没有想过，你也剥夺了你丈夫在这个家庭应承担的责任呢？”

小西恍然大悟，说起丈夫曾无数次向她表达：“你可不可以少做一点？你可不可以放松一点？你这么能干，显得我很无能。”

是的，在任何关系里，都存在无形的比较。如果在一个家庭里一方付出过多，而另一方感觉自己毫无用武之地，那么后者将不再感到幸运和感恩，而是想要逃离。

你的一百分会给他人带来什么影响？

有人曾说，如果你总希望在他人面前做到一百分，万事做到尽善尽美，那么本质上，你就是在剥夺他人在环境里应负的责任，也是在忽略他人的能力。

有一档综艺节目叫作《花儿与少年》，节目组邀请老中青三代女明星和一个年轻的男明星组成临时团队。他们一起去国外旅游，并分享这样的新鲜组合在相处过程中发生的趣事和窘事。

节目中形成强烈反差的是刘涛和许晴两位女演员。大家都知道刘涛是出了名地能干，喜欢大包大揽；而许晴则多年有着“国民公主”的称号，喜欢独处，随性而且文艺。

因此，我们就不断地看到同一个场景：刘涛像个陀螺似的围着大家转，从烧水做饭到整理收拾，简直是一个行走的全能机器人。

而十指不沾阳春水的许晴在刘涛的对比下，显得无所适从。她对刘涛的能干和勤快惊叹不已，也由于自己与对方形成的强烈反差而感到尴尬。

记得在上述这期节目的弹幕里，观众分成了两派：一派对刘涛赞叹不已，看不惯许晴的无所作为；而另一派则是认为刘涛表现得太过全能和完美，让周围所有人都相形见绌，没有了发挥的空间。

其实这个问题刘涛的丈夫也曾提过。在《亲爱的客栈》里，丈夫王珂无论想要和妻子讨论什么话题，都只能在妻子做家务的过程中见缝插针地说几句，总是等不到妻子踏实坐下来和他轻松地交谈。

而王珂也曾温柔抗议：“你能坐下来休息一下吗？不要看到事情就扑过去。”

这也表达了丈夫对凡事都希望做到极致的妻子的心疼以及不满：心疼是因为妻子太辛苦了，不满是因为无形中显得自己作为丈夫没有存在的意义。

做八十分的自己，过有弹性的人生

在上学的时候，我们总是被要求考到一百分，认为那就是证明自己优秀和努力的最佳呈现。可是无论在职场还是在家庭，如果你的目标是做到一百分，做到尽善尽美，那么你不仅会非常疲劳，也会给周围的人带来无形的压力。

有句话叫作“水至清则无鱼”。著名的心理学家温尼科特说过：“希望所有的女性都不要幻想做一个一百分的妈妈，而是六十分就好。”

其中的原因有两个：一方面，当你把一百分当成目标时，不仅会让你自己感到紧张和有压力，也会让你的孩子成为你追求一百分的一个工具。而另一方面，当你在这个追求的过程中付出得越来越多时，你对孩子的期待也会“水涨船高”，但孩子未必能承受这种期待。

其实做六十分的妈妈这个理论可以泛化到任何关系。比如在职场，如果你在做好本职工作之余还包揽其他工作，那么同事会怀疑你的初衷和用意，甚至会认为你的存在威胁到了他们的地位。

而这个理论在婚姻里同样适用。婚姻本是双人舞，需要两个人协调舞步共同进退，但假若你希望替对方承担一切，就相当于把对方驮在了背上。你忍耐不喊累，可对方明明可以舒适行走，却被你抢夺了行走的权利，未必会感到舒适和自由。

回到来访者小西的案例上，曾经她非常懊恼，认为自己在扮演完美妻子这条路上已经竭尽全力，奈何丈夫居然要离婚。我告诉她："正是你的无穷无尽的努力，挤压了他为家庭发挥作用的空间。你经常在工作上为他排忧解难，看起来体贴入微，却让对方觉得自己是必须依靠妻子才能搞定工作的人。这会更加让他产生挫败感。"

经过反思后，小西和丈夫进行了深入交流。她自称被"完美主义"所蛊惑，在做一百分的妻子上迷失了自己，也误解了婚姻的真谛。在往后的岁月里，她愿意卸掉一些责任，做一个普通的、轻松的妻子，和他共同进退，做亲密有间的夫妻。

丈夫很感动地回应她："那就让我们做一对八十分万岁的夫妻吧。"

是啊，一百分是执念，彼此之间存在松弛有度的舒适感才是最幸福的。

好的夫妻，都是优秀的婚姻合伙人

前段时间，我的一个闺密玲结婚了。想起前两年她还说：“我会将单身进行到底。我自给自足，不需要男人来给我幸福。”

而提及这次结婚的决定，她说：“因为他和别人不一样。”

“他不仅自己积极上进，还鼓励我一起前行，不会搞大男子主义，更不会为了感情放弃自我。他能和我共同经营平等、和谐的婚姻。”

在这段话里，她强调双方的参与和协作，更重视用一种合作共赢的模式来经营婚姻。

不幸福的婚姻，大多因为失衡

玲三十七岁结婚，算是晚婚，而导致她之前坚持独身主义观念的是她父母不幸福的婚姻，以及自己历时五年的失败的感情经历。

玲的父亲是机关领导；母亲最初是工厂会计，后来因工厂倒闭下岗，就回家做了主妇。父亲外表潇洒，谈吐幽默，事业不断攀高的同时，身边围绕的女人也不计其数。

没有工作的母亲的活动范围后来缩小到三尺灶台加农贸市场。母亲自知配不上丈夫，所以不管是听到有关丈夫和其他女人暧昧的消息，还是看到类似的场景，都只是忍气吞声。

父亲对母亲的轻视可见一斑。他凡事都不愿意和母亲商量；难得商量一次，也是对母亲进行打压和说教。

在这样失衡的环境下长大的玲的最强烈的愿望，就是在未来颠覆母亲的懦弱，在婚姻里拥有地位和主权。

过去她觉得父亲嫌弃母亲是不道德的，后来才明白，婚姻的失衡是两个步调不一致的人的必然结局。

大学毕业后，她凭借不错的天分和加倍的努力，五年内就做到了市场总监的位置。而她大学谈了几年的男友却在一家小公司里，一直做着小职员。

每当她和男友分享自己的进步时，男友不仅不为她高兴，还泼来冷水："这么拼干吗呀，你想做女王啊？"

要么，他就是酸溜溜地看着她："看来我很快就可以退休，等着你来养我了。"

那一刻，玲发现自己一直回避的父母关系模式还是映射到了她与男友的关系里，只是自己变成了父亲，男友变成了母亲。

为了逃离强迫性重复，她痛下决心和男友分了手。但从此她有了这样的认知：男女双方在婚姻里是很难平等的，而不平等的地位是无法让婚姻生活幸福的。

因此，她开始抗拒亲密关系，更惧怕婚姻。

婚姻的最高层：亲密有间，保持自我

纵观像玲这样，因一段感情经历而对自己进行情感隔离的人有很多，我的朋友晨晨就是其中一个。

她在三十岁时被交往了两年的男友抛弃，原因是男友嫌她太黏人。当时她特别难过，而后把精力全部投入到工作中，不敢对爱情和婚姻再抱希望。

看着晨晨的事业蒸蒸日上，还买了车子和房子，我们都以为她决定要独身，做一辈子的单身贵族。

没想到在她三十三岁生日当天的聚会上，心理防线彻底崩溃，喝了一点酒的她哽咽着说："我怕是嫁不出去了，男人们都不喜欢我这一款吧？"

在场所有朋友听了后一阵唏嘘——原来她强大的外表下，依旧隐藏了一颗渴望被爱的心。

可喜的是，半年后她遇到了自己的意中人。我还笑称是因为她在生日那天许愿，老天爷垂怜她是个好姑娘，所以及时给她送来了如意郎君。

晨晨惊喜地说："是哦，是哦！"她还告诉我，她和老公的相处模式非常特别。她工作繁忙经常要出差；而老公也有很不错的事业，平时也经常出去应酬。

为了不重蹈自己过去"黏人"的覆辙，把爱人再次吓跑，晨晨还为他们的感情建立了一个界限。

这个界限就是：工作的时候，大家都百分百投入其中，并且互不打扰；而到了节假日，两人就像结婚前约会似的，一起去看电影、看画展等。

更特别的是，他们的房子很大，不仅拥有两个卧室，还有一个很大的书房。他们为了能给彼此独立的空间，就把书房做了隔断，两人各占一半，而且各有各的书柜。

晨晨说："在同一个屋檐下且拥有彼此独立的空间，既增加了夫妻之间的神秘感，又能使双方保持一个安全的距离，特别地棒。"

他们真正应用了婚姻里的最高级别的互动模式：亲密有间，保持自我。

在心理学里，人际边界是影响关系质量的重要因素，而大多数人很难做到维持人际边界。

比如玲的母亲，她将自我价值模糊化，使自我和家庭的边界变得不清，为家庭牺牲自我。父亲在得到她的"允许"后，会漠视她的价值，进而弱化边界，对她进行随意侵犯和攻击。因此他们的婚姻就进入了不快乐也不幸福的恶性循环。

而在晨晨的家庭里，保护和尊重对方的边界成了两人在婚姻里日常的功课。而适当的亲密距离，又提高了感情的新鲜度，让双方对另一半的热情不减。

有时候，我们需要黏着的关系来确立安全感并确定自己的重要性，但不得不承认，更高级的关系里会有着更开放的边界。

当一段关系发展到一定阶段时，感情需求会发生变化，这个阶段就是提升婚姻品质和层次的关键时期。

理想的夫妻，都像合伙人

有人说，真正的伴侣是灵魂上的契合，而不是形式上的亲密。而婚姻作为伴侣的长久契约关系，不仅要有原始的爱作为基础，更要有共同的目标和愿望，以及落到行动上的契约精神。

因为，经营婚姻好比经营企业，热情只是生活的一部分，但更多的是双方要有合作共赢的精神。夫妻双方作为婚姻的共同责任人，唯有荣辱与共、共同进退，才能经营出美满的婚姻。

那么，如何才能成为理想的婚姻合伙人呢？

第一，放下对合伙人的高要求、高期待。

过去有句话叫作“嫁汉嫁汉，穿衣吃饭”，意即女子成人后的温饱都要靠婚姻来实现。男人不仅是女人的丈夫，还是恩人，甚至是她们命运的拯救者。

然而，当一个人将自己对生活的所有期待都寄托在别人身上时，也就等于将自己的命运捆绑在对方身上。依赖和托付，也意味着高风险。

只有放下对对方的高期待，将幸福的主动权握在自己手里，你才能成为一个合格的婚姻合伙人。双方一起承担风险，而不是一个人撑起一个家。

第二，支持你的合伙人。

著名导演李安曾说，他的价值是被妻子看见并发掘出来的。当他几次想放弃梦想时，都是妻子的鼓励在推动他继续前行，才有了他后来爆发出来的才华。

可见，好的伴侣是彼此心灵的加油站，他会看到你的价值，成全你的梦想。同样，好的合伙人也会相互支持，彼此成就。

另外，低谷时期的相互支持和鼓励，也是滋养一段关系的秘诀。

第三，夫妻在矛盾冲突中，要保有婚姻的契约精神。

杨绛和钱锺书是出了名的恩爱夫妻，感情被传为佳话，但他们也会出现矛盾和冲突。

然而，当争端出现时，他们都会进行自我调节：每当情绪到了最高点，他们都会回想结婚的初衷，然后停止攻击，回到理解、共情、解决问题的轨道上去。

这和经营公司一样，合伙人之间难免会意见相左。如果将能量消耗在压倒对方、争夺输赢上面，损失的将是公司的整体利益。

而就事论事，不仅让双方免于受伤，还可能让其在争论中再次碰撞出火花。婚姻也是如此，双赢才是和睦的基础。

第四，每个合伙人都要不断成长。

这世上，唯有才华不会被人窃取，唯有成长必须靠自己完成。在婚姻里，自我不断的成长和进步是安全感的来源。

演员陈道明说，自己置身于复杂的娱乐圈中之所以还能抵抗住一切诱惑，以及对家庭保持一如既往的依恋，正是因为妻子杜宪从不放弃自我成长，总能和他在思想上同频共振，这让妻子在他眼里有了无可替代的魅力。

古话说“十年修得同船渡”，“同船渡”就是经营婚姻生活的过程。

风景与风险同在。夫妻唯有共担责任、互相扶持，把安全和幸福内化为共同的目标，才能在婚姻这条航线上稳健航行，遇到更多更好的风景。

既然相爱，就要好好说话

语言是传递信息的通道，更是表达需求和感受的桥梁。婚姻里，如果我们只习惯于单方面传达信息，却忽略了互动交流的重要性，那就很容易引发隔阂和误解，甚至会产生矛盾和分歧。

和朋友璇子聊天，她说因为和老公吵架失眠一晚。

“发生了什么事呢？”我问。

原来是璇子最近接了新项目，项目组长生病，于是她被安排临时顶替组长。工作量成倍地增加，这导致连续三天，她都是九点以后才到家。

忙到筋疲力尽的她，回到家只想老公能说几句体贴的话，递一杯热水什么的。然而老公的反应正好相反：“怎么又这么晚回来，你是想把自己累死吗？”

听到这句话，璇子心如霜冻。她说：“我这么努力工作，也是想替他分担压力。他为了增加收入，揽下单位所有出差的工作，但如果我的收入能增加，他就不需要这么辛苦奔波了。”

认为自己的好心被当成驴肝肺的璇子随即把老公的话顶了回去：“不会说话，就请闭嘴吧。”然后，她就钻进房间并反锁了房门。

被拒之门外的老公睡在客厅，两人再无任何交流，但璇子知道，在这场风波中，他们谁都没有赢，而是在互相伤害。

回忆过往，璇子也说他们夫妻并无实际矛盾，但就是会因为一些日常琐事发生争吵，并且都会恶言相向，最后又不了了之。

璇子的困惑是：为什么他就不能好好和我说话呢？

你为我好，却不愿听我把话说完

类似璇子这样的情况，在我们生活中屡见不鲜。有人说，我们从小学习如何说话，但说了几十年，未必真正学会了如何去表达。

更让人遗憾的是，越是亲近的人之间，越是容易发展形成简单粗暴的语言重灾区。

马女士曾向我咨询，说自己和孩子发生了很大的冲突。原因是马女士接到了老师的投诉电话，老师说儿子打了同学，让她和儿子好好谈谈。

我问："你是怎么谈的呢？"

她说的第一句话是："儿子，打人是不对的，对待同学要友爱。"（指责）

儿子听完反驳说："我没打人。"

然后她批评儿子："你怎么能撒谎呢？老师都告诉我了。"（质疑）

孩子开始流眼泪，把耳朵捂住。

情急之下的马女士把儿子的手扯离耳朵，下了通牒："我要是再接到老师电话，就不要你了，你回奶奶家去住……"（威胁）

儿子一听妈妈不要他了，立即大吼大叫："我要把房子烧掉……"

马女士震惊了：明明是孩子错了，为什么他非但不认错，反而还一点道理都不讲呢？

我问她："那你在和他讲道理之前，了解过事情的经过吗？还是在没有弄清楚的情况下，便已经给孩子传递了'指责、负面评价、质疑甚至恐吓'的信息？那孩子该如何承受这语言之重呢？"

马女士立即反思："是啊，我的初衷是希望他在学校里表现好，对同学友爱，可是我太心急了，所以整场谈话就变成了指责。"

事后，当她再找老师调查情况才得知，原来儿子那天是被同桌抢了点心，想要拿回来却被对方推倒，所以进行了正当防卫。而他所说的“我没打人”，背后的意思是：我只是在保护自己。

于是我建议马女士主动和孩子道歉。她是这样说的：“儿子，妈妈错了。妈妈不该在没有调查的情况下批评你，还威胁你，为此很后悔。请你相信，我是爱你的，也永远不会离开你。以后我会耐心地听你说完，并好好和你说话。”

从未听妈妈说过软话的孩子，瞬间泪如雨下，并做出一个让妈妈很感动的承诺：“妈妈，你温柔地对我，我也会温柔地对同学。”

马女士顿时领悟到，过去总觉得孩子不听话，归根结底是因为自己给孩子做了不好的示范。当她学会慢下来，先倾听孩子再说出自己的想法时，才发现孩子原来如此配合，而自己也真正学会了体谅和理解他人。

如何沟通，是既有效又有爱的？

第一，先听对方把话说完。

我们时常觉得沟通中最重要的环节是自己“说”，其实在开口之前，先听对方说，才是促使谈话顺利进行的关键。

就如马女士，她受到老师的施压，带着担忧和顾虑，急于解决儿子的行为问题。殊不知，只要她先停顿一分钟，听儿子把话说完，就能完全避免那次冲突。

教育家李崇建说："好的沟通，是花更多的时间去倾听和领会，而不是急于去说明或评价。而往往事情的真相，在倾听中会显露出来。因此，'听'是沟通的关键。"

第二，描述事实，而不是观点。

我记得有一次先生应酬回来，刚进门我就冲他大喊："老酒鬼，赶紧吃护肝片，喝热水。"

他感到莫名其妙："你凭什么乱指挥我，我今天又没有喝酒！"

我当场为自己的武断道歉，好在他及时为自己申辩，不然我们一定会因此起冲突。

这件事提醒了我：我们要表达的应当是自己看到的客观事实，而不是主观臆断的一个观点。

比如，孩子做作业做到很晚，我们不该批评他"你怎么这么磨蹭"，而是应该告诉他："我看到你今天做数学作业用了两个小时之久，是有困难吗？"

只有在父母不带评价的事实描述面前，孩子才会进行反思，并因此改正；反之，如果父母急于给孩子贴上磨蹭的标签，那只会引起孩子的反抗，导致他坐实磨蹭的标签。

第三，表达感受，而不是抱怨。

有心理学家说过，如果能学会表达感受，就意味着学会了理解和包容。

然而，很多人却让表达感受发展为一种情感声讨，抑或是道德绑架，直至双方剑拔弩张。

比如璇子，她希望得到老公的关心却不直说，而当对方说的话激起她的愤怒时，她也只会以泄愤的方式去反驳，导致双方都很受伤。

事后她和老公坦诚沟通，告诉他那天自己从疲劳到委屈，再从委屈到愤怒的全过程，都是因为他说了那句不恰当的“你是想把自己累死吗？”

老公听完之后，充满歉意，说以后会正面表达，不会反过来挖苦，璇子对此很满意。同时老公也请求璇子以后将内心的想法说出来，各自直抒胸臆，避免造成不必要的误解。

第四，表达期待，而不是指责。

有个奇怪的现象是：我们不直说想要别人做什么，却又反过来批评他没做什么。这样一来会引发混乱，二来会招致对抗。

比如，我一个朋友曾希望老公少抽烟，其实是关心他的身体，然而她的话却总是充满火药味：“你再抽，等你抽出毛病，我才不会管你！”

感受到威胁的老公立即回她：“不管就不管，让我自生自灭吧。”

后来我问她，你期待他做到什么呢？她说：“戒烟或者少抽烟啊。”

我告诉她，不妨试试不带攻击地直说自己的期待。比如：“老公，你最近有点咳嗽，我很担心你的身体。我希望你健康，你以后可以减少抽烟的次数吗？”

这既表达了咳嗽的事实，又表达了真切的关心，然后提出具体的期待和希望。朋友听后改变了表达方式，老公顿时就心悦诚服，保证以后烟量减半，并感谢她这么关心自己。

每个人心底都深藏着他人看不见的渴望，包括被爱、被尊重以及被理解等，而这些渴望大多需要通过日常的沟通来表达。

若想建立通畅的沟通渠道，不妨从自己做起，去倾听他人、描述事实，表达感受并说出期待，给他人以示范，也让自己成为被爱和被尊重的那份光源。如此，既尊重了他人，也爱护了自己。

婚姻持久的秘密是，夫妻可以称兄道弟

据统计，我国的离婚率持续走高，而结婚率却持续降低。有民政局的朋友告诉我，2020年在他们那里登记结婚的夫妻数量，创下了十年来的历史新低。

那么，到底是什么在影响着年轻人对婚姻的观念呢？

民政局找到三个原因：当今的青年越来越独立，对婚姻持有不信任态度，认为结婚意味着失去自由。

这些理由看起来客观且合理，但反过来看，其实是大家在认知上对婚姻有误解，在心理上对婚姻存在莫名的恐惧。

比如读者B，她是个高级白领，曾反问我："老师，我既有钱，又有朋友，干吗要找老公？"

还有个男性朋友C说："我的父母整天吵来吵去，后来还离婚了，我干吗要结婚？"

最后一个是我的老同事P，她在看到母亲长年累月照顾生病

的父亲后，潜意识里认同婚姻是一种限制，不过是保姆和主人这种形式的变体。无论是被照顾的一方还是照顾的一方，都只有一个感受，那就是不自由。

综上，这些人不结婚的理由与民政局搜集到的信息基本一致，即大家都认为婚姻已经不是人生的必需品。

婚姻真的是限制个人自由的牢笼，还是父母给你挖的陷阱，抑或是阻碍你独立的枷锁？

这显然是对婚姻的消极评判。三胎妈妈蔡少芬曾说："之所以有人不结婚，那是因为他还没有受够单身的苦，还没有感受到两个人在一起的快乐。"

我也曾在网上看到一个词，叫作"小伙伴"式婚姻。这样的婚姻不仅超越了追求甜蜜和幸福的既定模式，而且成了双方共同起舞、制造欢乐的场所。因此，那些世俗眼中枯燥琐碎的柴米油盐，都变得充满趣味。

对此，三毛早年曾在书里讲过："如果你能找到一个跟你玩到一起的人，就会觉得婚姻不是爱情的坟墓，而是爱的乐园。"

最近，我正好看了一档呈现婚姻生活的真人秀节目，从一对大家都耳熟能详的老夫妻的互动中，找到了积极的答案。

张国立：我愿意做一片快乐的小瀑布

作家六六曾说，打破婚姻平淡惯性的是幽默，哪怕只有一个人幽默也可以。童话大王郑渊洁曾回忆，自己的父母是对非常幽默的结合体，感情一直很稳定。小时候他住在农村，家里养了鸡。来客人时，爸爸就说：“你们吃这个鸡蛋，很有营养的，因为是我们自己下的蛋。”

一语说罢，首先爆笑的是郑渊洁的妈妈。而那顿饭，也因为这样轻松的氛围而赛过一切山珍海味。

明星夫妻的日常互动，经常被网友们当成茶余饭后议论的焦点。在一档叫作《幸福三重奏》的节目中，老演员张国立因其风格被网友封为“快乐的小瀑布”。

他给我最大的感受是幽默。他不仅偶尔会爆出一句四川土话逗妻子乐，而且更擅长模仿妻子。比如和妻子下棋，当妻子以为自己赢了而得意地手舞足蹈时，他巧妙地获胜，并完全拷贝妻子的姿态。挥舞双手，外加得意的小眼神，让妻子哭笑不得，跟着一起傻乐。

最有趣的是，某日妻子歌兴大发，开启音响唱起歌来。张国立并不擅长唱歌和跳舞，但为了让妻子不冷场，便在后面即兴翩翩起舞，以动作来诠释妻子的歌声。那笨拙又滑稽的样子，被网友评论心理年龄不超过五岁。

看邓婕不经意间嘴角上扬的样子，就知道她对这样的婚姻模式非常享受；而对于丈夫如此轻松又快乐的陪伴，她回馈给丈夫的是无微不至的照顾。比如丈夫腰不好，她会帮他分担很多家务和琐事；丈夫外出工作，无论多晚她都会做好饭菜等着他。

虽然两人还没有白发苍苍，但彼此的默契和愉悦，预示着他们必然会有白头偕老的圆满结局。

八十岁老夫妻的和谐秘籍：我们是一辈子的牌搭子

我们经常说到自己的择偶观，其中之一就是要找志同道合的人。的确，婚姻几十年，如果两人的兴趣爱好南辕北辙，那会从玩不到一起，吃不到一起，最后慢慢发展到睡不到一起。

而曾找我吐槽的 C 朋友，就是因为看到父母由于职业和爱好完全不同而最后走到离婚，所以才消极地选择了独身。

我回复她："既然你知道父母因存在观念和爱好上的差异所以离婚，那就可以反其道而行之——找一个和你在兴趣爱好方面完全契合的人携手共度人生啊。"

我曾去过一个朋友家，她家在山脚下，邻居是一对超过八十岁的老夫妻。我去散步的时候，听到房子里两个老人哈哈大笑，一个说："你这个耍赖的臭毛病什么时候能改改？"

而另一个声音回复："你那偷偷把牌藏起来的坏习惯，不也是三十年没有改吗？"

看我对这对老夫妻好奇，朋友就领我去了他们家。两个老人非常热情地接待我们。我原本以为里面有四个人打牌，结果只有他们两个。

那个老爷爷说：“我们不爱看电视，平时就两个爱好——拉二胡和打牌。很多人觉得打牌这件事必须凑齐四个人，我们觉得两个人正好。要是四个人，另外三个人都偷牌，我可管不了。只有我老婆在我眼皮子底下，我轻松多了。”

老奶奶不乐意了，说：“你也不想想你拉二胡，邻居们都嫌你吵呢，还不是就我每天听你瞎闹腾。”

说完，两个老人又笑起来。

那一刻我觉得我仿佛在一个幼儿园里，面前是两个在一起嬉笑打闹又友情真挚的孩子。

后来我问他们：“爷爷奶奶，你们怎么这么幸福呀？”

爷爷说：“我觉得两个人要能玩到一起，那才是幸福，不然就是凑合。”

老爷爷说着方言，铿锵有力。我向老奶奶核对：“奶奶，你赞同爷爷说的吗？”

奶奶回答：“就是这个理。夫妻不在一起玩，难道天天开大会啊，多无聊。”

前段时间听到一个词，叫作“婚内孤独症”。它说的是在婚姻里，夫妻间缺少有质量的互动，导致彼此都感觉孤独。

其实要走出这种孤独的状态，可以向这对老夫妻学习：一起去创造可以让双方一起笑一起闹的家庭氛围。

好的夫妻，都很讲“义气”

我曾看过一个采访，采访对象是一对夫妻，妻子是卖包子的，丈夫是卖鞋的。他们在一个街区做生意，而且两个人的生意都做得很好。

记者问他们：“你们很奇怪啊，怎么不做夫妻店呢？一起卖包子，或者一起卖鞋？”

妻子说：“我们不能把鸡蛋放到一个篮子里啊。只做包子，要是包子卖不动那我们就没有收入了；只卖鞋也是一个道理，鞋砸在手里换不到钱，也很麻烦。”

记者又问：“那你们分开做，怎么都能做得这么好？”

丈夫说：“那这就是靠我们的革命友谊啦！我空下来就会去帮她，比如早上她卖早餐很忙，我就会帮她卖上几轮。到了晚上我店里客人多了，她也会来帮我招呼客人。”

妻子插了一句话：“还有呢，每个月谁赚钱多，谁就请客吃大餐呢。所以我们不光是夫妻，还是一起做生意的好搭档。”

这段对话，刷新了我对传统夫妻生活模式的看法——不是每天你侬我侬，你请我看电影，我送你鲜花，而是两人各自为喜欢的事业打拼，又相互关照扶持，分享彼此成功的喜悦。

曾经在网上看到一段话，说得很好：“能成为夫妻的，都有过命的交情。”所以，如果你发现自己的婚姻出现问题或者危机，那不妨回看一下，你和他是怎么走到一起的？除了当初的激情，你们有没有发展出高质量的革命友情呢？

一旦这种友情渗入婚姻，即便是激情褪去，头发斑白，婚姻也还是会因为你们那份幽默、义气，以及在打闹中的那份童真而超越时间的限制，呈现出一种神话般和谐的状态。

敢和你吵架的人，才是真爱

男友不与我沟通怎么办？那就去吵一架吧！

朋友 F 对我说，她最近很郁闷，原因是男友近一周不仅很少陪她，而且在一起的时候，也不像从前那么温柔了。

“过去都是他下班后来接我，然后两人再一起买菜回家做饭。不过从上周开始，他就以忙项目为由，很少来接我。即使我做好了饭，他也很晚才回来吃。”

“忙工作那是客观原因啊。”我说。

可 F 说那不一样，原来男友每天回来都有说有笑的，但最近即使一起吃饭，话也变少了。她也问过他：“你怎么了？”他只是随口说一句“没什么”就搪塞过去了。

我答：“如果态度和情绪都有变化，那么一定有他内在的原因。况且你曾向他抛出过沟通的橄榄枝，可他并不接，那么你或许可以用另一招，那就是吵架。”

F 大跌眼镜：“吵架怎么能行？不是更伤感情吗？”

原来 F 和男友相处半年多，几乎没有吵过架。过去两人偶有矛盾，也是不挑破、不争辩，互相忍让就过去了。

这更让我确信我的建议会奏效——吵架时用情绪的冲击来打开对方拒绝沟通的局面。所谓吵架不是撒泼耍赖，也不是单纯的情绪宣泄，而是有策略、有目的的争辩：

1. 选择只有两个人在的安静场合；

2. 不要将争辩变成批斗大会，一次只论一件事；

3. 不贴标签，不说“你总是这样”，或者“你永远不知道我在想什么”之类的话；

4. 不说“分手”这种决绝的话；

5. 如果没有吵出个所以然，可以先停下来冷静一下，但不要摔门而出；

6. 说出需要，给对方一个明确的提示：你到底需要他怎样做；

7. 给对方倾诉的机会。

听完这些，F 似懂非懂地回去了。

不吵架怎么能叫夫妻？那叫敌人啊！

很多人评判感情是否和谐稳定的一项指标是，看双方是否吵过架。其实这存在很大的认知偏差。记得在电视剧《金婚》播出之后，某电视台找了当地五对步入金婚的夫妻来进行采访，主要的访谈内容是关于与伴侣相处之道的。

有一个问题是通用的："您和爱人会吵架吗？"

我原以为他们能相濡以沫地走过五十载，一定是很少吵架，甚至是不吵架的。没想到五对夫妻中，没有一对说自己是不吵架的。

有个老人说："我这人有两样爱好，一是喝酒，二是和老伴吵架。适量喝酒可以活血通络，对身体好；而适当争吵，可以解决很多生活矛盾，对感情有益。"

还有一位年近九旬的老人说："不吵架怎么能叫夫妻？那叫敌人啊！你看看我们过去和日本，会吵架吗？都是直接开打嘛！"

老人的话非常有趣，同时不无道理。在亲密关系里，正是因为彼此在乎，才会产生期待和需要。当期待落空、需要未被满足的时候，消极情绪就会产生。当消极情绪积累到一定程度时，争吵就无可避免地发生了。

当然，也有人说，如果他足够在乎我，那完全可以忍啊。然而，这又存在另一种认知偏差。人都是有情绪的动物，不仅女人有被理解被包容的需求，男人也有。

只是希求一方做出忍让，即使表面看似太平，但持续忍让的一方总有一天会触碰到自己的阈值和底线，或者彻底崩溃，或者选择逃离。

知乎上曾有人发问：“感情里的争吵是必要的吗？”

其中两条回复很醒目，一条是：“当然有必要，我和我老公的感情就是越吵越好。”而另一条则大相径庭：“我过去以为他不和我吵是因为太爱我，直到最近才发现，原来他是因为不爱我，所以懒得和我吵。”最后还附上一句：“我们已经分手了。”

正所谓爱的反面不是恨，而是漠然。当一个人不再爱你时，他会屏蔽你的情绪和需求，在你的世界里沉默和消失。当一个人对你有爱时，或许他会一时忽略你的感受，但绝不会一直忽略你的感受。

月晕现象幻灭

《亲密关系》一书里，作者对于陷入一见钟情式的爱情的两个当事人，给出了“月晕现象”的解释。当你被另一个人吸引以后，对方身上就仿佛笼罩着无数光环，闪闪发亮，吸引你不顾一切地去靠近他，并且从内心发出要与他共度一生的渴望。

但是当你真正和这个人在一起后，时间的双手就会将对方身上的光环剥掉。他不仅变得平淡无奇，还可能个性怪异，与你最初所了解的他大相径庭。就像莎士比亚《亨利四世》里说的一样：“我被蛊惑了，如果那个无赖没有对我下药，我才不会爱上他！”

李敖最初认识胡因梦的时候，正是为胡因梦的绝世美貌所倾倒。李敖如获至宝，发誓余生都要与她一起度过。但在他们婚后不久，当发现被自己奉若仙子的女人，也有衣衫不整、蓬头垢面的时候，他失望至极。当撞见胡因梦坐在马桶上因便秘憋得满脸通红后，他掩面离开，随后就提出了分手。

胡因梦说，这是因为李敖内心对爱情不切实际的幻想破灭了，他连吵架都不愿意，就分手了。

生活当中，也不乏李敖这样的案例。我的一个老师曾说，他的学生之所以会爱上他，是因为他儒雅俊秀，而且没有不良嗜好。但是当他们结婚以后，这位妻子就开始变得愤怒——原来他除了不抽烟不喝酒，还有很多不能让她接受的“嗜好”，比如要一个人打坐，一个人看书，并且一坐就是大半天。

老师说，他花了三年时间对妻子晓之以理动之以情，让她给自己独处的时间。神奇的是，在这个过程中，虽然他们时常有激辩和争吵，但他们对彼此的了解更进了一步。过去自己刻意保持独立和理性，一部分是因为不信任对方，另一部分是因为要维持神秘而完美的形象。

然而，当妻子表示她需要的是一个可以陪伴自己的真实的丈夫时，他被打动了，从此他们才算是真正心灵相通的夫妻。

爱情归于平淡的时候，就是月晕现象幻灭的时刻。逃避者会失去在感情里学习的机会，而留下来的人，哪怕像我老师的妻子那样，将吵架奉为提升夫妻关系的法宝，也不失为习得了一种维系感情的积极的态度。

不怀恶意的争吵竟有这么多好处

再论F，那天男友一进家门，她就按计划展开了吵架模式。没想到她怒目圆瞪的样子，正好将男友心中积蓄已久的怒火给点燃了。

男友之所以加班，是因为F说过想要有自己的房子，所以他想通过努力挣更多的钱来实现F这个愿望。可是，自从加班以后，F又对他有了怨言，还经常打电话去办公室查他的岗，令他在同事面前没有颜面。

因此，男友加班是事实，但是回家后的冷漠，是对F不够尊重自己的消极抵抗。

在亲密关系里，女人的情感需求通常指向安全感和确认自己被重视。你愿意陪我，我就会有足够的安全感。你回应我的感受，我就会觉得我对你而言是重要的人。

F正是因为两样都没有得到，所以才对男友的爱产生了怀疑。

而在男友那边，他的情感需求则指向了尊重和理解。F在他加班后非但没有慰劳他，还抱怨他不如过去那样温柔体贴，真是不理解他的用心和付出。

而电话查岗，让公司的同事都知道他有个控制欲很强的女友，则是对他的不尊重。

在得知了男友的用心与无奈之后，F的情绪由感动代替了怨恨，她站在原地哭了起来。男友从 F 的眼泪中看到了柔软和善良，立即用拥抱代替了冷漠，结束了这次争吵。

我事后夸赞 F，说他们是恋人吵架的成功典范：有预设目标；不恶意攻击或宣告分手；即使情绪激烈，也没有谁离家出走；最重要的是以生猛的方式开场，却在温情脉脉中结束。

F 说原来不怀恶意的争吵有这么多好处——既能打开彼此的心扉，又能化解生活中的矛盾和冲突，还能使双方在深度了解对方以后，更好地理解和接纳对方。

我很赞同她的观点，因为两个性格完全不同的人，若要缔结一段长久的婚姻，只靠包容是不能让那些矛盾和分歧自动消失的。如果双方都习惯将问题隐藏在感情的冰山之下，那只会使问题像伤口一样不断扩大、溃烂，直到走向无法愈合的地步。

美国首席婚姻专家约翰·戈特曼曾做过一项调查，旨在研究那些在结婚三十年之后还能够对配偶抱有热情的夫妻到底有什么共同的特质。结果发现，他们最明显的共同点居然是：敢于吵架。

敢于吵架的人，不是有爱挑衅的特质，而是抱有面对问题的勇气和解决问题的决心。这样的人，不逃避矛盾，又对未来充满信心；这样的人，不仅可以作为终身依靠的伴侣，还可以作为人生困境的解局人。

他既爱你的娇羞甜美，又能接纳你的平淡无奇。当你气势汹汹要与他大吵一架的时候，他还会立即放下手机，合上电脑，马上陪你进入作战状态。

如果你身边正好有这样一个集勇气和智慧于一身的人，那么你们的生活定会乐趣无穷。恭喜你，也请你一定要珍惜。

如何应对一个差评师老公？

差评师老公

无论是在国内还是在国外，是在教堂里还是在饭店里，双方在正式结为夫妻之前，都会经历一个宣誓的仪式。其中比较普遍的台词是：将来无论是疾病还是健康，无论是贫穷还是富有，我都不会抛弃你、离开你。

一听到这样的话，新人们就感觉自己的婚姻好像上了保险，万无一失。但一旦婚礼仪式落下帷幕，大家回归现实生活中，就会发现自己上当了。因为那份保险只对贫穷和疾病提供保障，而不是所有方面！

比如有个刚结婚三个月的女孩来找我："老师，我真没有想到结了婚会是这样，我觉得自己简直是上当受骗了。"

我问她怎么了。她回答："我嫁给了一个太糟糕的男人，我觉得我自己当时真是瞎了眼，否则怎么会轻信他是爱我的呢？他明明是来摧残我的啊！”

女孩喋喋不休，我让她简单说重点，她就来了一句：“他天天都指责我、批评我，从来不跟我好好说话。”

女孩说，当初他俩谈恋爱的时候，因为没有同居一室，每周只见一次面，所以两个人看到的都是彼此的优点。男朋友那时候对她是言听计从、小心呵护。但是结婚后情况就变了，过去那个温顺的“小奶狗”，摇身一变成了颐指气使的差评师。

据说他们的早晨是这样的，老公先起床，烧开水，做早饭，然后叫老婆起床，如果老婆晚一点，他就开始大喊：“你到底吃不吃早饭了，再不吃，我就自己吃完走了！”

老婆起床去刷牙，刷得快，他就在隔壁叫：“就这么几下子，你能把牙齿刷干净吗？”

如果刷得慢，他也叫：“你不知道我在等你吗？你是要刷到中午吗？”

好不容易收拾完了一起吃饭，他的嘴巴还不停：“瞧你那黑眼圈，好像昨天被人打了一样。”要么就是：“你今天穿这个衣服不好看，不够得体。”

女孩说：“老师，你说这样的男人是不是欠揍，有时候我真想穿着高跟鞋一脚把他踹飞，让他远离地球，省得他一直损人。”

听起来这的确是个问题，如果一个人每天一睁开眼，就要面对一个把自己从头到脚数落一遍的男人，这日子还有什么盼头呢？

我对这个愁眉苦脸的女孩说：“听起来你的日子的确不容易。虽然结婚才三个月，但如果每天都要面对一个对你做全盘否定的人，那的确是一种煎熬。”

我问她：“你想要什么呢？需要从我这里获得什么支持？”

她气呼呼地说：“我要打败他！”

我开玩笑地说：“这个忙你可以找你妈妈帮，岳母训女婿，胜算比较大。但你找我，我可以帮你找到应对他指责的最佳办法，让你们的生活从充满指责对抗的变成和谐美妙的。”

差评师是怎样炼成的？

她两眼放光地看着我：“那我要你帮助我。”

那么，我们要来看看，为什么女孩的伴侣会习惯性挑剔她。我结合自己的经验以及咨询个案总结出以下原因：

第一，他是在被挑剔的环境中长大的。

我们的行为、语言甚至思维模式都不是与生俱来的，大部分是后天从父母或者养育者那里学习到的。有了这个依据，我们就可以对一个人的某些习惯的形成方式进行逆推。

比如，这个男人每天都会对你进行全方位的挑剔，你不做事，他说你懒；你去做吧，做快了就嫌弃你马虎，做慢了又指责你没有效率。以致你根本不知道该怎么办才好，内心充满委屈和愤怒。

那么只要你去追溯这个男人的童年经历，就会发现他之所以说不出一句好话，是因为他从小在父母那里也没有听过什么好话。

后来听这个女孩说，她老公小时候经常被父母打骂，母亲有洁癖，看到他衣服上有一点污渍就骂他邋遢。父亲又凡事追求完美，动不动就骂他做事情没条理、没效率。

小时候哪怕他考了九十九分，父母都不会表扬他，相反会问那一分丢在哪里。

因此，如果父母没有在其内心播种过赞美和欣赏的种子，那么他在和别人的互动中，就没有能力去表达赞美和欣赏。相反，他会对挑剔和指责“得心应手”。

第二，曾经的创伤性经历，让他把指责和挑剔误当成了爱。

在童年里，父母在指责和批评我们后，还不忘加上一句：“我都是为了你好，是因为爱你才对你严格的。”

那么，这样孩子就会把爱和指责联系到一起。当他结婚后，或者是有了自己的孩子以后，会特别容易指责爱人和孩子，因为他认为这是出于自己对他们的责任和爱。

曾经看过一个电影，男主角天天全方位地约束他的妻子，连妻子系歪鞋带，他都要骂一番。有一天妻子实在受不了，就说：“我不想和你过了，我要离婚。”

男主角很受伤：“我对你这么好，你居然要离婚。你离开我，还有谁会这么关心你？”

妻子说：“你居然把你的指责和辱骂当成是对我的关心？那我天天骂你，你会觉得这是出于爱吗？”

男主角说：“我就是这样被我妈妈骂大的啊，我妈妈是很爱我的啊！”

妻子顿时明白了，这个男人其实很可怜。他早年常被妈妈骂，又被妈妈洗脑：“我还不是为你好，我话说得重，那是因为你是我的儿子。如果是别人家儿子，我才懒得骂呢。”

这是典型的“歪理邪说”，就好像我爱你，所以我必然要挑剔你一样。奈何孩子一遍遍地听父母这样说，潜意识里已经认同了这种说法。

所以，你的爱人如果也是这样，那很可能也把指责和爱看作一回事。当他结婚后，就把父母曾经对他的“爱”迁移到你的身上。殊不知，这会让你很受伤，甚至是在逼你逃离。

第三，他自卑，所以用主动攻击你的方式保护自己。

有句话叫作：“越彰显，越匮乏。”说的是一个人越炫耀什么，便说明他越缺乏什么。

比如一个男人经常批评妻子没有做好某些事，其实他是希望自己在妻子面前显得很厉害。换句话说，就是通过打压妻子来证明自己很优秀。

这是一种拙劣地获取自我价值的办法，正好说明了他的自我价值不高。

我的一个朋友，说她老公每天都批评她做饭不好吃，也管不好孩子，然后自己去做饭带孩子，做完了不忘说一句："你看，我做的饭都被孩子吃光了，你要学着点。"

我的朋友很无奈，说："那你这么喜欢做，以后你全包了就行了。"

老公又生气了："你怎么这么懒，我一个男人都愿意学习做饭，你还不能积极一点吗？"

其实这句话又是在通过贬损老婆来抬高自己。如果我们细细去品味他们的对话，就会听到她老公的潜台词："我都这样了，求求你表扬一下我吧，我太需要这个了。如果你表扬我，我就很幸福，就不会那么指责你了。"

以上三点，就是一个男人之所以成为差评师的原因。

怎样让差评师变成好评师？

接下来，我们来看应对方式：

第一，对他的遭遇表示理解和同情。

或许你会问："他都这样对待我了，还让我去理解他、同情他，天理何在？"

我要说的是："如果你想提高生活质量，改善你们的沟通模式，那你就要做那个改变现状的责任人。你也可以把自己看成是，比他更有能力去成长和改变的人。"

所以你需要去同情和理解他：他之所以变得那么挑剔，是因为在他小时候一直被“鸡蛋里挑骨头”。

如果你爱他，就可以去观想他，观想那个拿着九十九分卷子回家，等着被爸妈表扬，却等来被劈头盖脸责骂的小男孩。你会看到那个小男孩是多么委屈和无助。

当然，除了观想，你还要表达你的感受。当年那个男孩子在父母面前无力表达自己的感受，导致父母一直以为他无所谓、他能接受。

而今天，当他再一次挑剔你时，你可以这样说：“听到你说我做的饭像石头一样、穿衣服像农村大妈时，我很受伤、很难过。我并不是说我做得多么好、穿得多么漂亮，而是希望你在下一次评价我的时候，可以语气和缓一点，就事论事。那样我才能够接受你的评价和提醒，而不是觉得你又在骂我。”

这样的表达，既传达了你的感受，又点出了你的期待，而且完全没有攻击和指责意味，通常会在这个男人心里掀起一阵涟漪。他会因此觉察到自己失当的地方，并会慢慢去改变。

第二，带领他厘清爱与评价的区别。

俗话说，“一个女人就是一所学校”。过去他从妈妈那里误解了爱的意思，以为控制你、指责你，是对你好，是在传递爱。

那么妻子就要带他厘清这个区别。

比如，下次当看到老公在某件事上面做得不太好时，你可以反其道而行之，给他做示范，并告诉他：“我们都难免会犯错，下一次做得更好一点就好了。”我有一个来访者更会“说话”。当老公洗碗打碎了碗时，她说：“老公，你小心手不要被扎到，你的手可比碗金贵多了。”

她老公听到这句话顿时呆住，因为过去他们俩的相处模式是剑拔弩张、互相攻击的。然而，当老婆率先做出改变时，老公才感受到其实指责和攻击都不能传递爱，只有把对方放在第一位去关怀，对方才会感觉到爱。

从此以后，老公的指责越来越少。

第三，满足他被欣赏的渴望。

人的内心都有被欣赏和赞美的渴望。如果你的老公给不了你这些，那你作为更有能力的那个人，可以先去满足他。

千万别反驳我说：“他有什么优点啊？”

那我要问你：“当初你看中他什么了呢？”

只要你当初是受到他的吸引才和他结婚的，那今天就可以找出他的优点去欣赏他。

提供两个线索，第一个是去欣赏他某个特质，比如他既细心又耐心，而你是粗心的，那你可以经常表达你对他的欣赏：“老公，你好耐心啊！”看他会不会心花怒放。

又比如，他胆子大，走全黑的夜路都不怕，爬上几千米的山峰往下看也不会腿软，而你做不到。那你就可以说：“老公，你太厉害了，有你在身边，我什么都不怕了。”

你老公听到，估计立马心花怒放，愿意拉着你的手走遍所有夜路，陪你踏遍祖国的所有河山。

第二个线索是，找到他某一件做得好的事情去赞美他。比如他平时不做饭，偶尔做一次，不管做成什么样子，都要去夸奖他："老公，你百忙之中还给我们做饭，我好幸福啊！"

再比如，他工作很忙，平时都是你参加孩子的家长会，结果有一天他主动要求去参加，你就可以及时地表达："老公，你真是一个负责任的好爸爸，工作这么忙都能把孩子的事情放在第一位，我好感动哦！"

不管他做得怎么样，你都要先赞美他这个行为，再欣赏他这个人。慢慢地，这个男人就在你的滋养下，放下盔甲，变得越来越柔软，也会越来越配合。

所以，你如果有一个差评师老公，就通过以上三个方式去影响他吧！相信不久后，你们的关系就会得到改善，你的老公也会在你的影响下，从一个挑剔的差评师，变成一个温和的好老公。

平稳度过婚姻危险期的秘籍在这里

关于婚姻的危险期，我们听过最多的就是“七年之痒”。

去年我听在民政局工作的朋友说，现在七年之痒已经“不流行”了，因为很多的夫妻都撑不过三年，所以“三年之痒”成了有关离婚的新热词。

我的来访者小A也说，她的婚姻就是在第三年那个节点亮起了红灯。要不是因为她思想传统，认为婚姻就是“好死不如赖活着”，他们早在第四年就离婚了。

知乎上也有很多年轻人表示，夫妻矛盾的大爆发根本等不了七年，就像小孩子的人生第一个叛逆期在三岁一样。婚姻到了第三个年头，过去那些隐而不显的问题会统统爆发出来，令人猝不及防，也不知道如何去面对。

如何看待婚姻危险期?

那么,到底是什么原因,会导致婚姻危险期的出现呢?

第一,两个人的弱点暴露出来。

你有没有这样的经历:结婚前你的老公是西装革履、衣着光鲜的,然而婚后他可以三天不换袜子,一个月不换鞋。我就有这样的经历,我的先生在和我恋爱时,几乎天天换着白衬衫穿,有时候鞋子擦得比我的还干净,吃饭时他那个区域也是干净的。

结果呢,婚后他就玩起了变脸。如果我不把衬衣送到他手里,不帮他把鞋子刷干净,他可以穿着睡衣和拖鞋出门。他还可以半个月不换牛仔裤,还振振有词:“我这是在‘养牛’啊,你不知道牛仔裤重在保养,不在于水洗吗?”

搞得我既被他的话呛到,又被他的异味冲到,遭受双重的折磨。好在我尽量放大他在其他方面的优点,才勉强能与他继续生活下去。而我的来访者杏子就不同了,她简直不能容忍她丈夫的任何坏习惯。

上周,杏子告诉我,她约了老公吃烛光晚餐,我问:“是有纪念日吗?”

她说:“既是结婚三年纪念日,又是准备离婚的日子。”

她自称是个传统的女性,但看着一潭死水的婚姻,有了强烈的窒息感。她说与其憋死在这样的生活里,不如趁早放彼此一条生路,换一种活法。

杏子控诉：以前老公在她面前，衬衫洁净如新，吃饭不吧唧嘴，出门必去洗车，无不良嗜好。没想到，结婚后他的恶习逐渐暴露——不爱洗头，爱打麻将，把车子当仓库，后备厢总是堆满杂物。不仅如此，因为受不了杏子的控诉，他还对其冷暴力，动不动就沉默一整天，令杏子简直要发疯。

这让我想起“晕轮期”的概念。这个概念是指两人都处在美好的恋爱情境里时，会忽略外部环境，陷入失真、忘我的状态。

一旦进入婚姻里，当双方展露出最真实的一面，又遭遇生活琐事的不断冲击时，晕轮就会幻灭，考验就开始了。

杏子老公的行为，仿佛在宣告晕轮期结束，婚姻从热恋模式直接进入寒冬模式。

这也映证了一个网友的话——为什么三年会是个节点？因为一年新鲜，二年熟悉，三年生厌啊。

因此，那些如杏子般迷恋激情和刺激的人，三年一过，就会有要逃离的想法。

第二，父母的干涉，加速了婚姻的破裂。

有心理学家说，很多人的婚姻除了根基不稳，还有个隐性的原因，那就是父母插足了儿女的婚姻。这往往会加速处于三年这个平淡期的婚姻的解体。

80后和90后，大多是独生子女。他们在父母眼里，永远是需要照顾的孩子。

在我们中国式的家庭关系里，由于人与人之间联结紧密，如果你嫁给一个人，就好比嫁给他的社会关系的总和，包括他的父母、亲戚，甚至整个家族。

这就涉及心理边界的概念。当父母对已婚的孩子干涉太多，忘了儿女已经独立的事实，而去插手他的家庭事务时，会导致子女家庭出现混乱和矛盾。

所以，据我观察了解，很多家庭的第三者不是外人，而是对子女过分袒护的父母们。

第三，亲子关系的地位取代了夫妻关系的地位。

很多夫妻在结婚两三年间，都会荣升为父母。然而，他们的婚姻也将面临巨大的考验。

孩子往往是婚姻的照妖镜，不仅考验着夫妻的财力和物力，更考验夫妻感情的凝聚力。

读者一一就遇到了这类问题。她咨询的目标是改善夫妻关系，而当我听她描述她的家庭日常时，很快就发现了她犯下的致命错误。

一一说，听说一岁以内的孩子，最需要母亲的陪伴，所以她为了让孩子健康成长，几乎每天寸步不离地跟着孩子。为了让丈夫“配合”她的决定，她直接将丈夫赶到书房睡觉，而且这一决定已经执行了半年之久。

见我惊讶的表情，一一问：“老师，他可是孩子的爸爸呀，难道还要和孩子吃醋吗？”

我说：“不是吃醋，是他被你边缘化了。你把孩子放在首位，把他当成抹布丢到一边，使得这个男人完全感受不到自己的价值和地位。他不出问题才怪呢。”

果然，一一的丈夫经常以加班为名，回来很晚，周末也经常出去和朋友唱歌喝酒，不着家。一一还一肚子怨气，说这个男人没有担当和责任心，害得自己处于丧偶式育儿的婚姻状态。

殊不知，丈夫这种不作为的行为，其实正是被她一次次赶到书房的结果。

如何顺利度过婚姻危险期？

那么该如何顺利度过婚姻危险期呢？

第一，审视结婚的初心，用仪式营造浪漫。

林语堂说：“用爱情方式过婚姻，没有不失败的。要把婚姻当饭吃，把爱情当点心吃。”

电影《过把瘾》里面，女主角与男友一见钟情后结婚，婚后要求对方像热恋时那般呵护和宠爱自己。当丈夫做不到时，她就各种埋怨甚至威胁。

这就是把婚姻经营成爱情坟墓的典型案例。

前文提到的读者杏子，之所以选择和老公先吃烛光晚餐再去离婚，是因为还留恋曾经的浪漫，又无力改善眼前的僵局。

我问她：“你们多久没有一起吃饭了？”她说：“平时吃饭都各吃各的，彼此都感觉味同嚼蜡。”

晚餐时，她看着老公憔悴的面容，不由感叹：“到底是老公辜负了自己，还是自己对婚姻的期待太高了呢？”

那晚他们借着吃饭的机会，敞开心扉，谈了各自三年来的感受和对未来的憧憬。最后，她老公说：“以后我们每周外出吃一顿大餐吧，高兴高兴，犒劳一下自己。”

没有情话，却比情话更让人暖心。

当我们能接受婚姻终将走向平淡时，心也会踏实。即使不能鲜花蜡烛常伴，也照样可以借由一些特定的仪式，重温爱与被爱的感觉。

第二，精神断奶，把主权从父母那里夺回来。

有句话叫作“他人对你的态度，都是被你允许的”。表面上看，是父母对儿女存在过多的干预，实际上，这很可能是儿女用沉默或无效的反抗方式纵容出来的结果。

解决的办法是，对父母表达真实需求：“我知道您是爱我的，谢谢您为我付出的一切；我已经长大了，有足够的能力过好自己的生活，请您相信我，并给我自由。”

刚开始父母或许不接受，因为他们习惯通过为孩子做点什么来获取自身的价值，或者减少对孩子的担忧。

但如果孩子坚定立场，反复请求父母放手，那总有一天，父母会放下对孩子的管束。

心理学家米歇尔·卢森堡说：“任何冲突都有调和的可能，只要说出自己的感受，并道出引起感受的心理需求，对方在理解后，就一定会做出改变。”

父母之所以会干预儿女的婚姻，一是要延续自我价值，二是担心儿女的能力。

如果他们不主动退出，那么儿女为了保全自己的婚姻，就要化被动为主动，去表达感受，并努力承担自己对婚姻的责任，让父母放下担忧，祝福自己。

第三，把夫妻关系培养成家庭中最重要的关系。

在家庭治疗中，我一再强调，夫妻关系一定要建立在亲子关系之上。如果本末倒置，不仅会影响夫妻感情，也会对孩子的成长不利。

因此，我告诉来访者一一，正是因为她太过保护孩子，从而无意识地把丈夫推开，才导致丈夫在家庭里无所适从。

修复关系的方法也很简单。因为彼此的爱和责任还在，所以一一只需要向丈夫发出邀请并告诉他：自己和孩子都需要他，并相信他会是一个好爸爸。

丈夫在有了归属感后，就会主动承担起做父亲的责任，回到妻子的身边。

另外，制造两人共处的机会，重温过去美好的时光，并表达对彼此的理解和支持，夫妻之间爱的河流就会继续流动起来。

如果将婚姻比作修学，那么前面三年正好用来打基础，摒弃幻想、接纳现实，练就包容和理解的能力。

当我们拥有力量一同跨过这道坎儿后，即便未来的困难再多，我们也能从容应对。未来的婚姻生活，也必然更加顺遂和幸福。

具备这三个品质，很容易成为婚姻中的人生赢家

一个成为人生赢家的姐妹

虽然我不建议女人把自己的幸福寄托在男人身上，但是如果你要与其建立亲密关系，那你的幸福就与他有很大联系。

在网络上，经常看到“人生赢家”这四个字。它大致是形容一个人无论是事业、生活，还是家庭，都经营得很好。

很多网友认为这个称谓只属于金字塔顶尖的族群，他们是稀有动物，与自己无关。其实据我观察，事情并没有那么难。就拿婚姻与家庭来说，要想经营好并非难于登天，只要掌握了一些“套路”，就能事半功倍。比如，我的好友媛媛就是这些“套路”的获益者。

某天早晨，我接到媛媛的电话，她问我：“小妞，在干吗呢？”

我说：“几个月没有给我打电话了，你不会光是来嘘寒问暖

的吧？”

媛媛笑嘻嘻地说：“我就是来告诉你一个好消息，我老公刚刚给了我一把车钥匙。”

我立马侧耳倾听：“什么车啊？是你喜欢的吗？”

媛媛说：“是宝马5系的，惊叹老公如此懂我，因为我想要这款车想了一年多了。”

其实纵观她之前的生活，她一贯是个心想事成的主，但凡她动心的，老公都会搬回家；但凡她想吃的，无论多复杂，老公都会想办法给她做。

媛媛经常傻傻地乐着，说自己是如何幸运，老天赐给她一个这么爱她的老公。但是我往往会说：“这是你应得的。”

早在我和她第一次见面时，我就笃信她未来无论嫁给谁，都会被宠上天，果不其然。

做到这三点，很容易成为婚姻中的人生赢家

那么，到底什么样的女人会被男人宠爱呢？

第一，她柔而不弱。

古话说得好，女人如水，男人似火。男人性急，像火一样猛烈。女人性慢，在再大的事情面前也可以波澜不惊。

火可以让水沸腾，但水又是灭火的最好选择；火虽然猛烈，但经不住水的长时间喷洒。

所以，作为女人，最好的状态就是温和而柔软。这个柔不是软弱，而是平静外表下的一种坚定和从容的心态。

媛媛就是这样一个人，她最大的优点是在外人面前能够做到维护老公并对老公极尽温柔。

有一年老公单位聚餐，她也去了。席间，老公贪杯，话也很多，媛媛非但不指责，还陪着老公一起说笑，并帮着照顾同桌的其他人。

最后，老公喝醉了，说了很多的废话和胡话，还吐了一地。媛媛二话没说，就去卫生间找来拖把和抹布，来回跑了四趟，并且谢绝了同事的帮忙。

回到家后，她给老公擦洗身体、换衣服，煮醒酒汤。第二天老公醒来一看手机，全是公司同事发来的信息，夸他找到这样温柔贤惠的好妻子，简直是上辈子修来的福气。这让他好一阵得意。

若说此前是被媛媛的气质打动，那么这天之后他彻底被媛媛的大度和温柔所征服。此后，夫妻二人感情进阶，老公把工资全数上交不说，而且逢节必有惊喜。为了解放媛媛的双手，家里还请了做饭的阿姨。

三毛说过："好妻子的标配，就一个字——柔。"这个柔中夹带着分寸和周全，具备让男人愉悦，以及颜面有光的特点。

有了这个，再烈的男人都能变得乖顺，再远的飞鸟也会自愿归巢。

第二，她"自燃"又独立。

稻盛和夫在《活法》一书里提到，公司招人，最理想的雇员是具有“自燃型”人格的人。这种人不需要经过他人点拨就能燃烧起来，总是充满激情和行动力。

第二种是点燃型人格，这种人只有通过他人推动和点拨，才能燃起来。

第三种则是阻燃型人格，这种人即使有他人的大力支持和帮助，也未必能燃得起来。

其实跳出工作圈，自燃型人格的人也是最合适的爱人人选。首先这种人是有趣的、热爱生活的。有人陪的时候，他们很活跃；没有人陪的时候，他们也会自娱自乐享受生活。

在他们的字典里，不存在乏味和枯燥，只有不断制造出的新奇和有趣的体验。

就像我的一个读者微微，她说她的老公在娶她的时候，担心她跟不上自己的节奏。因为他爱运动，能歌善舞，而且社交广泛。

人家在洞房花烛夜的时候只记得亲热，而她老公一开口就是：“你和我一起生活，一定要学会玩。”微微说：“这点你放心，我不会一天到晚绑着你的。”

这个“会玩”的意思，绝不是通俗的吃喝玩乐不顾家，而是一种热情积极的生活态度，以及独立的人格。

微微说她本来就是“大女人”，从来不指望把自己拴在男人的裤腰带上。所以结婚后，他们一起徒步爬山，唱歌打球，几乎每个周末都不闲着。

如果老公出差了，她就会约上三五好友去逛街喝茶，玩到兴起连电话都忘记给老公打。

与很多因自身缺乏安全感而对老公不放心的妻子相比，这样的妻子会让老公舒服很多。而且，她的绝对信任和大度，反而使得老公对她充满依赖和尊敬。每次出差，老公都会准时打电话回来嘘寒问暖，并带回礼物，以表思念。

第三，她会让自我增值。

现代社会发展太快，快到今天你还没有搞懂一个网络热词，明天你的岗位就可能被人工智能所取代。

有人说，人人自危的时刻到了。宇宙这么大，我们小时候才兴起黑白电视，现在社会已经发展到能随时借助手机收看全世界的视频资料。

因此，让自己增值很重要。这样自己不仅可以应对工作上的发展变化，而且在婚姻里，也可以多一份底气和信心。

我曾经很羡慕一位同事的妻子，这位同事很聪明，事业也做得很好，三十几岁就是企业高管。大家都知道他妻子自结婚起就没有出来工作过。

但是这位同事却一直把妻子捧在手心里，虽然妻子不工作，但他还是请了钟点工做饭。自己一到节假日，就带着妻子到处游玩。

大家都说他妻子大概是上辈子拯救了银河系，才会找到这么才华横溢又体贴多金的好老公。直到有一天，大家在一起吃饭，这位同事才揭开了他为什么那么宠爱他妻子的秘密。

他说虽然妻子没有出来工作，但不代表她是没有能力的。她英语八级，经常可以帮他翻译国外的资料，而且她还深谙茶道。他每次宴请重要客户，一定会带着妻子，让妻子给他们煮茶喝，客户喝后都会赞不绝口。这也是他不让妻子下厨的原因——要保护她的双手。

一席话罢，大家惊叹不已——原来这世界上没有无缘无故的爱，只有势均力敌的匹配啊！

钱锺书说过："如果一个女人肚子里有才华，却又踏实谦卑，那是一定会有男人愿意为她俯首称臣的。"这句话说的大概就是这样的女人吧。

现在是信息爆炸的时代，无论是社会新闻还是娱乐新闻，每天都会充斥着很多负面的情感热点事件。今天这个家暴，明天那个离婚，这让很多追随者动摇了对情感的信心。很多读者问我："如何才能征服男人的心呢？"

更有甚者，直接问我："男人都这么不可靠，我还有必要结婚吗？"

其实，无论社会发展到何种地步，男人和女人这两种生物并没有本质变化，终极需要都是爱与尊重。而当女性自身热爱生活，人格独立，性情柔和，又不忘打磨和提升自我时，那么无论她选择谁，那个人都会愿意为她变得更好，把她宠上天的。

第三部分

事业，才是我们
人生的底气

你那么忙，是有多不爱自己？

为什么有的人就是停不下来？

去年，我的先生和我婆婆之间发生了很多冲突，严重的时候，彼此恨不得此生不再见面，老死不相往来。

旁人都百思不得其解："你老公脾气挺好的啊，怎么会对亲妈那么大火气？"

熟悉我婆婆的人则说："她不是最爱自己的儿子吗？怎么就要和儿子对着干呢？"

到底是出了什么问题呢？

是啊，老公早已过了青春期，他妈妈也早已度过更年期，究竟有多大矛盾两人才会闹得这样不可收拾呢？其实主因还是出在我那个年近七十岁的婆婆身上——她太勤劳了。

或许你会很诧异——勤劳有什么不好，多劳动还对身体好呢。是的，但是做事要适度，一旦过度就会出现问题。

第一次去婆婆家的场景我至今都还记得。当时是公公接到我们的电话来路口迎接的，见面后我老公问公公：“我妈呢？”

公公说：“在家里忙呢。”

然后只听我老公嘟囔一句：“也是，她啥时候闲着啊。”

等到我进了家门，婆婆才从楼上急匆匆下来，身上围着围裙，头上还顶着防尘帽子。她带着歉意地笑着向我解释：“哎呀，我太忙了，所以没有来得及迎接你，不好意思啊。”

我当然不介意，但是从那以后，婆婆在我眼里就是个大忙人。她上班的时候就是早晚连轴转地工作。后来下岗了，她白天骑车10千米去给工地打扫卫生，晚上再在家里挑灯做手工赚钱。有一点点空闲，她就会房前屋后地打扫，或者直接把自己“扔”到地里，不停地拔草、浇水、施肥……总之，她就是那种把自己活得像一个陀螺的人。

她和她亲儿子的矛盾，就源自她过度勤劳。她在儿子的工厂里大包大揽，恨不得一人身兼数职，把所有工人都解雇掉。她的初心是要帮儿子省钱，放大自己的劳动价值，而结果是，公司毫无秩序，一家人也跟着疲劳交战，造成差错和问题不断出现，导致客户的投诉。

邻居和亲友无数次问婆婆：“你拿着自己稳定的退休金，吃穿用度自己都能搞定，干吗要自讨苦吃，在儿子那里干些吃力不讨好的事情呢？”

婆婆的回复是："闲着也是闲着，我干吗不做呢？难道你们想要我变成老糊涂吗？"可见，婆婆的认知是非黑即白的。

有很多人也会像婆婆这样只有两种生活状态：要么闲出病来，要么一直忙个不停。

过度忙碌的人，都有这两重顾虑

我有个读者也是如此，一年三百六十五天，她起码有三百六十天是工作到深夜的。其余五天要么是病了，要么是单位组织去旅游，她没有工作的机会。她是周围人眼里典型的"拼命三娘"，在大城市奋斗了二十年，拥有三套学区房。很多人认为她的财富已经超过大部分的中产，她可以提前退休了。

然而她不是这样想的，尽管她因为过于疲劳身体亮起了红灯。她有一次胃出血在医院住了一个星期，医生警告她再不调整作息以后身体就废了。她当时觉得不寒而栗，又是做瑜伽静心，又是去教堂做礼拜，大有一副要休养生息的势态。结果不出半个月，她就闲不住了。

某天她突然兴高采烈地问我："你觉得我去创业怎么样？"

我说："你干吗，还嫌不够累吗？"

她说："哎呀，我觉得闲着没有意思，还是要找事情做，所以盘了一个楼层，准备开健身房。你放心，我只做管理，不会有多累。"

结果半年后，她的身体又发出警报。她有一次因为腹痛差点昏过去，到医院一查，阑尾马上都要穿孔了。医生说："你要是再忍会儿，这次就牺牲了。"

她躺在病床上发来新消息说："我到底怎么了呢？怎么就这么喜欢折腾呢？"

我说："你是顾虑太多了。"有句话叫作："道理都懂，为什么我们还是过不好这一生？"(《后会无期》里的原句是：听过很多道理，依然过不好这一生。）这是因为我们只懂道理，却不能真正懂得自己。

她问我："你怎么就能够安然地享受假期呢？怎么就能够一整天在街上闲逛也不觉得无聊呢？"

我说："因为我的内在没有你的双重顾虑。"

第一重顾虑：资格感的缺失。

把自己活得像一个陀螺的人，无论是在生活上还是在经济上，都无法接受别人对自己的帮助和照顾。

我曾把婆婆接到家里，让她看电视，陪我散步，不给她安排任何事情。结果第二天她就病倒了。常人看来原因是她离开自己家不习惯，还有就是她劳动惯了，一旦停下来就会不适应。

但是我知道除了这些原因外，她还有个心结，那就是她不敢享受他人为自己提供的照顾。

这涉及她早年的经历。她小时候父母工作很忙，家里孩子又多，五六岁时就没有人照顾她了。白天父母不在家，她要吃饭，如果够不到灶台，就去求助哥哥们，但得到的答复是："你有手有脚，自己架个板凳啊，不要吵我们。"

她刚开始是茫然无助的，后来不得已接纳了这份冷漠，想尽一切办法爬到灶台上把自己喂饱。

逐渐地，父母也习惯了她的"独立"，因此更加忽略她的需要。她因此产生了一种信念：我是没有资格要求他人为我做什么的，一个人有手有脚就应该自己做一切事情，否则只会遭到他人的嫌弃，哪怕是自己的哥哥和父母。

在这个信念的驱动下，她再也不敢享受他人给自己的照顾。即使是发烧，她也会强打精神自己照顾自己，而不给家里人添乱。

除此之外，婆婆在经济上也从来都不敢依靠别人。刚结婚几年，她不幸下岗，公公的收入又很低，所以一家人在经济上捉襟见肘。即使她的几个哥哥都通过做生意生活过得很富足，她也从来不敢对他们开口，而是自己咬紧牙关去做各种零工，试图让家庭生活好起来。

自从我嫁入他们家后，逢年过节都会给他们买东西送红包，但尴尬的是，婆婆只要见到这些就本能地往外推。我公公开玩笑地说："你给她钱，比向她要钱还让她难受。"

正是这种资格感的缺失，让她把自己的生活和工作都安排得毫无缝隙。

还有个读者亦然，她的父亲是警察，母亲是医生，她自称从小就是城市里的留守儿童。她从很小就要晚上一个人在家里睡觉，七八岁就得自己做饭吃。父母觉得孩子提前独立是好事，毕竟靠谁也不如靠自己。

而且在经济上，父母给的支持也很少。妈妈喜欢记账，爸爸提倡节约，搞得她小时候连个像样的玩具都没有。所以她自小就暗下决心，将来一定要靠自己的努力拼命赚钱，买自己想要的一切东西。

她也和我婆婆一样，在经济与生活方面，把自己培养成了无所不能的铁娘子。

第二重顾虑：我只有拼命努力，才能看起来有价值。

一个人的价值感是这个人对自己的评价和看法。如果一个人持有健康的自我价值感，那么他在努力工作时会是愉快的、自信的。同样，他停下来去休息、度假，甚至是睡懒觉，都会觉得幸福、安逸。

而那些过度劳累、停不下来的人则不然，他们只许自己不断地工作，不能接受片刻的休息。

他们也不明白自己为什么会这样，婆婆的解释是："我的性格就是这样，改变不了。"

其实她不知道，她的性格是受后天某些不合理信念所推动形成的。

因为小时候被忽视，所以她提前学会了照顾自己。哥哥们看到她越来越能干，就开始打她的坏主意：只要父母差遣他们干活，比如去买米买菜，或者洗碗扫地，他们就全部推给她来做。

有一次父母看到才六岁的女儿把碗洗得很干净，就破例夸了她："我们家女儿这手是巧，干起活来比哥哥们都有样子。"

得到这样的肯定，让幼小的她浑身充满能量。要说过去干活是被哥哥们强迫的，那么后来主动承包所有家务活，就是她为了在家庭里获得价值感而心甘情愿地付出。

一旦这种付出形成习惯，她的性格就会受到影响。无论是在父母家里，还是在自己家里，甚至是在儿子家里，她都要不停地劳动，因为潜意识里有个声音："你必须多干，不然你就没有价值。"

我的一个朋友也是如此，更奇葩的是，她不仅工作努力，家里活一肩挑起，就连女儿学校每个月一次的大扫除，她都从不缺席——她会定期拿着消毒剂和抹布去打扫。

结果是，老师经常表扬她对学校做出的贡献，而她却成了其他家长的敌人。

她问我："我让他们省了力气，他们怎么还不高兴了呢？"

我说："但你也让他们失去了为班级服务的机会啊！"

所以过度忙碌的人会出现三个问题：身体容易垮掉；人际关系会失衡；整个人变得机械，没有活力。

三个步骤，让自己变得轻松而有价值

那么怎么改变呢？

第一，走出早年经历的影响。

当初是父母疏于照顾，或者引导不当令你形成了不合理信念，那么现在你可以用成人思维再次去理解：“父母当时是分身乏术，存在认知局限，才会逼着一个五岁的孩子去独立。而且，现在我身边这些人对我都没有当年那种要求，所以我有理由相信，我所处的环境变了，我也可以做出改变。我可以认同努力和独立的重要性，同时，也接纳人需要劳逸结合的说法。我还相信既然国家政策设置了节假日，就代表我们每个人都是需要休息，也可以享受休息的。”

你可以小试牛刀：从早晨晚半个小时起床，到下午允许自己独自去喝杯咖啡、逛逛街。你会慢慢地发现，当你稍做停顿后身体感受到的那种舒适，就好比被冬日里的阳光照拂着，让你觉得舒服和安全。

第二，给别人照顾自己的机会。

我相信一句话：“好的关系，都是从彼此不断的麻烦中得来的。”假如在一段关系里，永远都只有一个人在付出，那么另一个人并不会很享受这种被照顾的待遇，而是会有压力，会觉得你这么厚重的情，他还不起。

那些从小就惧怕被别人照顾的人需要打破这个认知障碍，

尝试去“麻烦”和求助别人一次。因为只有这样，你才会体会到：“哦，原来也有人是愿意帮助我的，也有人不会嫌我麻烦。”

这样做，不仅会让你体会到被照顾、被关怀的舒适感，也会让他人有机会回馈你曾经对他们的付出。你们的关系会因此变得比从前更和谐和稳固。

第三，无论如何你都有价值。

每个人生来就有价值，这个价值等同于生命的价值。所以即使你小时候有过一些不美好的体验，比如被忽视、被打击或者被否定，也不代表你的价值真的被那些人抹杀了。

你的价值一直都在，从你出生到你终老。即使某一天你的躯体真的不再存在于这个世界上，你的名字也都是有价值的。

知道了这些，你就可以停止高速运转的模式，进入即使工作也是为自己工作而不是为了向别人证明自己的境界。工作之余，你就可以心安理得地依照自己的喜好去生活、去休息、去犒劳自己。

所以，你如果也是个过度劳累、从不敢麻烦别人、全年无休的“拼命三娘”，那可以通过以上三点去进行调整——学会休息，试着接受别人的爱与关怀，并且相信自己原本就有价值。你的生命将会因此变得更加丰富又有弹性，你的生活会更加多彩和健康。

我劝你不要为了家庭放弃工作

应该做全职太太吗？

经常有人问我："我老公让我辞职回家带娃，你觉得合适吗？"要是其他问题，我可能会看情况再论；但是一听到这个问题，我就会很坚定地回答："我不建议这么做。"不是我歧视全职太太，而是从事全职太太这个职业真的太难了。

周末在家"刷"了几部电影，故事发生在不同年代，但不约而同揭露了"全职太太"这个职业的风险太大了。

一部电影是奥斯卡获奖影片《革命之路》，另一部是韩国电影《82年生的金智英》。前一部影片的背景是20世纪50年代的美国，后一部是就现在的时代背景拍摄的。

两部电影都是讲述有关中产阶级家庭生活的故事，女主角都是为了家庭甘愿放弃事业的全职太太。

《革命之路》的女主角爱波自结婚后就不再工作，每天围着厨房、孩子转，等着丈夫下班。曾经凭借出众的外貌和丈夫不菲的收入，她收获了周围太太们羡慕的目光。后来在面对做不完的家务、吵闹不休的孩子，以及对她日渐冷落又丧失了热情的丈夫时，她开始厌倦。在挣脱无望之后，她便自行在家里做人流，后因失血过多而丧失了性命。

金智英看起来比爱波幸运，丈夫不仅给了她金钱上的安全感，同时还温柔体贴。她的生活比起其他家庭主妇的，好似更加安全和无忧。

然而事与愿违，自从退出职场后，看着曾经的同事事业蒸蒸日上，而自己日渐与社会脱节，她的孤独感和无价值感与日俱增。这些内心的变化又无人能懂，所以当情绪累积到一定程度时，她抑郁了。

当然这个女主角的结局是好的：她后来通过心理咨询得到了治愈，还找到了一份自由职业。

但是走出银幕，再看我们现实生活中的其他太太呢？她们的境况就好比温水煮青蛙，她们在看起来光鲜亮丽的生活里浸泡着，直到曾经的自信和热情都被吞噬。

曾经听过很多人评价“全职太太”或者“家庭主妇”，贬多于褒。很多人说：“她们真是活得太轻松了，既不用参与职场竞争，又不用忍受老板的坏脾气，还没有业绩的压力。”还有人说：“如果她们还得抑郁症，那就是她们‘作死’的结果。”

我曾经看过一个数据，数据显示在一、二线城市里，全职太太罹患抑郁症的比例在逐年攀升。

我的读者V说："我前半生做的最糊涂的决定就是回家做'太太'。我从满脸胶原蛋白到现在一脸的褶子，从月入过万到买条裙子还要向老公申请，从悠闲地喝咖啡沦落到拿孩子喝剩的牛奶冲泡奶茶……"

可是这又能怪谁呢？还不是因为当时欠考虑，太冲动了！

我为什么回归家庭？

曾在网上看到一个针对女性的调查：结婚后，你会因为什么回归家庭？

A. 孩子需要照顾；B. 老公说 "我可以养你"；C. 工作没有家庭重要，反正不差钱。

55% 的人选择了 A，30% 的人选择了 B，剩下的人选择了 C。

选 A 的这个结果还是比较客观的。无论是从我的个人经历来看，还是从周围的朋友的案例来看，女性当初选择回归家庭，几乎都是因为家里没有老人照顾孩子，所以就回家亲力亲为。当然，还有个原因，那就是当时的工作也不够理想，所以女性索性就选择扔掉工作。

还有不少人选择了 B，她们是听信了老公那句甜言蜜语：

“我负责赚钱养家，你负责貌美如花。”当然，我相信男人们最初在给这个承诺时是真诚的。在自己身强力壮、事业又蒸蒸日上之时，他们有足够的信心可以保护好妻子不受外界的风吹雨打。

所以妻子们就会在这些甜言蜜语的感化下，情不自禁地放弃工作，自动回归到家庭里。她们一边享受着安静恬淡的慢生活，一边祈祷一辈子都能如此地岁月静好。

做出最后一种选择是基于一种信念。《82年生的金智英》里面说道：“女孩子找什么工作呀，还不如找个人嫁了。”言下之意，嫁人和工作是女性成人后面对的两种截然不同的选择，而且两者不可兼得。因此，这类女孩子一旦结婚，就会主动回归家庭，誓把家庭当成终身修炼的道场。

我是从什么时候开始陷入危机的？

演员伊能静最近活跃在各大综艺节目里。由于丈夫秦昊主演了叫好又叫座的《隐秘的角落》，加上自己的状态又非常棒，因此伊能静收获了不少话题和关注。

而时间倒退到五年前，她的状态就令人担忧了。当时她参加《妈妈是超人》这个节目，因超龄生育而格外注意个人健康，所以吃了大量补品，副作用导致人比过去胖了十几公斤。

当时她停止了一切工作，全天二十四小时照顾孩子。节目里，其他妈妈都是魔鬼身材，时尚又充满活力，唯有她身材走样，体力不支，大部分时间都是抱着孩子坐在那里观察别人。

那个阶段的她，是自卑又落寞的。有个细节是，有一次她看到女儿不小心从餐椅上掉下来，第一反应是打了自己一巴掌。

这就是很多全职主妇的写照。一方面，当家庭成了自己的职场，孩子的一餐一食、健康安危，甚至是学业成绩，无形之中都成了自己的工作成果和业绩。

稍有差池，丈夫会责怪，婆婆会质问，连自己都不会放过自己。

另一方面，自己日渐与社会脱节，接不上丈夫的话题，那种失落感会日渐累积，直到形成一种非常消极的自我认知："我是不行的，我完蛋了。"

长期的自我否定，不仅会带来健康风险，还会带来婚姻危机。那个曾经发誓要养你一辈子的男人，一旦看出你的局限和了解你的心理状况（自我否定）后，要么疏远你，要么逃离你。

除非做到这三点，否则别回归家庭

有社会学家说过，家庭主妇之所以会迷失自我，很大原因是她们把自己发展成了高级保姆。一旦她们成了保姆，周围人对她们的尊重和感激就会荡然无存。

因此，一个女人如果真的要全面操持家庭，那么必须在如下方面进行提前建设：

第一，不要把家庭主妇当成终身职业。

我的来访者 C 说："出去工作纵然是辛苦和有压力的，但只要努力就会赢得经济和地位方面的双重价值。"

做家庭主妇则不然，你不仅要日复一日地操持琐碎的家务，还要看老公甚至公婆的脸色行事。当你偶尔一顿饭做得不够好，或者你的孩子表现得没有其他孩子出色时，不仅你的付出得不到肯定，甚至下个月的伙食费可能都会减少。

因此，即使你迫于种种原因不得已回归家庭，那也不要把家庭主妇当成终身职业。一辈子那么长，把自己的世界收缩到这么小，把未来都赌在男人身上，实在是风险太大了。

第二，从不放弃自我成长。

曾经看到一篇文章，说的是一位妈妈有两个孩子，丈夫是外交官，很少在家里。她在有了第二个孩子之后，不得已选择离开职场回归家庭。

但是自离职那天起，她就给自己列出了未来五年的目标和计划。她要学一门外语，还要把从前自己所学的专业知识巩固一遍。

自此，每天等孩子睡着，她就在书房学习。在日复一日的坚持下，她不仅外语学得精通，还对过去的职场专业技能进行了深耕。

五年以后，孩子们顺利入学，她则信心满满地重回职场。由于从未停止学习，她不仅毫无压力，反而展现出非凡的能力，不久后就被委以重任，工资翻了一番。

所以说，回归家庭不等于放弃自己，可以将其看成是自我成长和自我蛰伏的特殊机会。

第三，别把自己当保姆。

曾在网上看到一句话："就算做家庭主妇，也要把责任划分清楚，不能既当爹又当妈，还要当全家的保姆。"我深以为然，回归家庭是为了顾全大局，支持丈夫打拼事业，也为了能让孩子享受到高质量的陪伴，但绝不是一揽子计划，让自己化身为全家老小的用人。

我的一个朋友做得很好，她在回家带孩子的第一天，就和老公明确了责任分工：她只负责带孩子和打扫卫生，买菜做饭必须让其他人承担。

老公觉得有道理，于是请钟点工来买菜做饭。

这就好比在职场，你一个人做五项工作，难免分身乏术，影响质量，但如果只做一项工作，你就有可能做得又好又精。

因此，假若你把家当职场，也是如此道理。你不能把自己当作八爪鱼或者千手观音，而是应懂得示弱以及保护自己。

说到底，只有当你自己重视自己时，身边人才可能同样重视你。也只有当舍弃掉一些责任时，你才能在某个方面发挥出最佳的作用，同时有机会照顾好自己并使自己不断增值。当有一天你"重出江湖"时，仍旧能找到令自己闪闪发光的事业。

女人，不要随意放弃事业，除非你可以做到以上三点。

被讨厌的勇气——你敢做微商吗？

如果你是微商，那我要恭喜你

也许你看到这个标题会感到惊讶："周周怎么成了微商的代言人？难道你也打算进军这个行业，开始卖货？"

如果是这样，那就说明你又站在了一个二元对立的角度看问题，即认为一件事情不是好的就是坏的，一个东西不是美的就是丑的，没有中间地带，或者第三种可能性。

当然，"微商"这个词，放在五年前，也是我头脑中的敏感词语，让我闻之色变，避之不及。

那时候我对微商的理解是：假货、"三无"产品、骗亲友钱。

所以熟悉我的人都知道，你只要是在做微商，就休想游说我买你任何东西，我不屏蔽你就很不错了。

然而，这一切在最近发生了改变，这个改变源自我的读者的一个故事。

她在两年前找我做咨询，虽然是个女孩子，但偏偏自称“三毛”。因为她说在她们家乡话里，“三无”发音为“三毛”。

然后她说：“我没人脉，没美貌，没人爱（离婚了），所以是‘三无人员’。”

她离婚前在一家公司做兼职会计，而老公是某银行中层领导，收入比较高，当时她工作的目的是挣点零花钱。后来老公爱上别人，对方死缠硬磨，还给他生了个儿子，最终老公和三毛离婚。虽然老公每月会给女儿六千块抚养费，但对于过去大手大脚花钱的她来说，生活还是捉襟见肘。

于是她发愁：“我要怎么办才能让我和女儿的生活品质更高一些呢？”

后来她找到我，在了解到她从大学毕业到最近都只做过会计，而她凭借自己做会计的这点经验又无法拿到更高的薪水的背景后，我们做了一次生命热情测试，看看她有没有向其他方面发展的可能性。

测试后，她的答案是：沟通和分享。

我们想到的第一个工作是销售。但顾虑到从事销售工作需要经常加班，还可能占用双休日，因此她无法照顾女儿的生活和学习，我们又找到了另一个领域：微商。

三毛说出这个职业后自己都笑了。她说原来经济宽裕的时候，经常把好东西送给别人，从来没有想过要拿回一分钱，而如今要开口向别人要钱，对她来说是巨大的挑战。

好在，这一切她认为的不可能，都在她力求创造更好的生活这个目标的推动下成为可能。

我们做咨询持续到第十次的时候，她说无论是文案的撰写、口头的表达，还是自信心方面，她都从我这里毕业了。因此她说："老师，我暂时不需要你了，等我好消息。"

自此，她不光不找我咨询，还把我屏蔽了，说是怕自己的朋友圈信息打扰到我。

直到今年夏天她才出现，说："老师，我成功啦！我现在每个月做微商的收入超过了做会计的收入。如果没有疫情，我就可以带女儿去欧洲玩一趟啦。"

具有这三种能力，做什么都容易成功

除为她收入翻倍而喝彩之外，我还恭喜她：你现在可不是以前的你了，你已经拥有了一般人所没有的三种能力。

第一，你能接受别人讨厌你。

曾经在知乎上看到一个帖子，说打开微信后最讨厌两件事：第一件是妈妈又催婚，第二件是又有朋友去做微商。

把朋友做微商和妈妈催婚放在一个级别去对比，认为它们都是影响个人生活质量的因素，可想而知，大家对微商这个行业有多么讨厌。

这个感受，三毛在把自己的产品放到朋友圈的第一天就体验到了。刚发朋友圈半小时，就有两个朋友和一个亲戚给她留言：“你怎么也这样？去找个工作不好吗？”

她妈妈更加奇葩，直接下命令：“你卖什么‘三无产品’，你阿姨都说想把你屏蔽了，你还是做会计去吧，别搞这些事情。”

若不是我们在做咨询的时候已经预料到大家的这些反应，并提前准备了应对方案，估计三毛连第一天都挺不过去。

然而她说看着熟睡的女儿和旅游的广告，她决定“六亲不认”。她对所有反对她做微商的人说：“如果你们不需要我的产品可以屏蔽我，但是你们没有权力阻止我。”

在说出这句话后，她发现那些阻止她的人再也没有发出声音。她也再次验证了我当时的话：“你的态度决定了他人的态度，如果你认可这个工作，别人的意见就影响不了你。”

日本畅销书《被讨厌的勇气》深刻地说明了一个道理：一个人的自由，首先来自允许并且接纳别人不喜欢自己。

假如你也和三毛一样，做微商已经超过一年，那我也会佩服你，你已经具备了被他人误解、讨厌、排斥的勇气。

第二，你能忍受别人拒绝你。

经常在咨询中听到三个问题：我不敢去领导那里申请升职加薪，我不敢向任何人借钱，我不敢邀请喜欢的人一起吃饭。

其实这三个问题整合起来是一个问题：害怕被拒绝。

可是如果你做了微商，被拒绝就会成为你的家常便饭。比如有个朋友是代理洗衣液的，但我家里已经囤积一箱其他品牌的洗衣液了，而且我也习惯用这个品牌，所以她一开口，我就会拒绝："抱歉啊，我最近不需要。"

我的拒绝直截了当、干脆利落，但也带着礼貌的歉意。可是其他人可能就会比较粗暴："不要不要不要。"

这就好像是一个卖保险的人推开了他家的门，打扰了他在床上做春秋大梦一样，恼火得不得了。

可是这个卖洗衣液的人得受着，而且还要为此道歉："不好意思啊，我打扰到您了。"除此之外，如果自尊的底线再低点，他还可以加一句："如果您家里的用完了，可以考虑一下我的哦，我可以先给您试用。"

这叫作什么？这就叫作"客户虐我千百遍，我待客户如初恋"。

三毛当初问我："这样做是不是很贱，显得低人一等？"

我说："你要换个思路，你是在挣钱，你与他们所有的互动，都在让你离财富越来越近。所以你得感谢他们啊！"

三毛释怀了，说她也学到一句话："销售需要'不要脸'，一个好的销售就需要持续地'不要脸'。"

只要是不违反道德和法律的事，她都愿意做，任何人的拒绝她都受得起。

如果说能够接受别人对自己的讨厌已经是个跨越，那么能面对别人恶狠狠的拒绝，就是整个人心理维度的提升。

连别人骂你都不怕，你还怕什么呀？

第三，你有强大的服务精神。

很多人有个认知偏差，即销售就是进货和卖货。如果只是这样理解，那一定做不好销售工作。

真正的销售，是把做人放在卖货前面，把客户的利益和自己的利益捆绑在一起的。

我有个朋友从做保险开始，已经在微商界叱咤风云七八年了。我从来没有买过她任何东西，她却经常给我的朋友圈点赞，或者转发。

我还真是挺感动的。虽然她的东西我不太需要，但是对于她的业绩，我肯定是有信心的，因为她做人做到位了。

你如果把你的爱和欣赏表达出来，就相当于种下了财富的种子。如果你做销售，你的销量就肯定比那些只贪图盈利的人的要好。

所以，你去看看身边的微商，凡是做得久的，他们一定比常人更加懂得付出，更加有服务精神。

我有几个朋友，他们都是线下的销售精英。他们有个明显的特点，即非常会洞察他人的需要，而且很舍得去付出。

三毛说，她自从做了微商，变得比以前更加敏锐和体贴了，比如她会记得每个朋友和亲戚的生日，包括他们孩子的生日。她会通过朋友圈去观察所有人的喜好，然后经常投其所好地送个小礼物。

如果有朋友找她帮忙，她会在能力范围内不计回报地去帮忙……

所以，她说自己前面三十年获得的人脉和成就感，还不如这一年通过做微商获得的多。

因此，我不敢再小看微商这个群体，他们是时代的产物。这个职业是打磨一个人耐力和毅力的磨刀石，能使我们打破旧有限制，并获得自我成长。

所以，如果你是微商，或者你即将成为微商，那么我要恭喜你，只要你找到可靠的产品，并坚持下去不放弃，我相信你不仅会实现财务方面的自由，而且你整个人都会变得更优秀。

你也可以找个钱多事少离家近的工作

找个顺心的工作就那么难吗？

近半年来，尤其是疫情发生后，我经常接到关于工作和时间管理方面的咨询。大部分人都表示对自己当下的工作不满意，但是又不知道如何才能找到一份更好的工作。

比如 A 说："我每天晚上都要十二点睡觉，早上六点爬起来，一到周末，都要累成人干了。"

B 说："我做的工作虽然工资还不错，但是事情太多了。我感觉领导是发一份工资，让我干三个人的活。听说很多公司都是这样，真是把我们当牲口用啊。"

C 说："我已经毕业五年了，也跳槽三次，但是到现在工资还是不过万，每个月扣掉房租和通勤费用，就剩不下什么了。照这样下去，我到猴年马月才能攒够我的嫁妆钱哪！"

以上三个案例综合反映了这样的工作状况：钱少事多离家远。

为什么会这样呢？其实是因为我们从小就习惯了听别人的话，比如父母在你选择专业的时候，会对你说："你就做这个吧，这个工作看起来有面子，收入又稳定。"

或者你的亲戚会说："你啊，就听我的去银行，因为银行是永远不会倒闭的，进去后一辈子就衣食无忧了。"

还有个来访者说，她是听了同学的劝告。同学在高中的时候听说做销售最赚钱，年薪百万不是梦，但她根本没有认识到自己是多么内向、不善表达，是根本不擅长做销售的。后来做了半年，熬出了白头发，提前出现了鱼尾纹，但就是做不出订单来。

之所以大家对过去的工作的满意度都非常低，是因为我们根本没有做过自我探索，而是任由他人推动，做了根本不适合自己的工作。因此，我们才会进入收入和快乐双低而压力又奇大无比的循环。

我自己也有这样的经历。十年前我也是跳槽大王，住在郊区，每份工作都要一个半小时的车程。最后一家单位是一家老公司，虽然通勤时间控制在单程七十分钟，同事关系也处理得不错，但是一年后，公司居然要倒闭了。我简直崩溃，哀叹自己在工作方面运气太差了。

后来我选择了回家，大概有三年都没有找工作。我对自己的信心越来越弱，对出去工作的兴趣也越来越淡。也是从那年开始，我不再“上蹿下跳”，而是静下来去读书和写作，却意外地打开了我真正的事业之门。

而今，我的工作状态发生了巨大的改变。我既不用每天舟车劳顿，又不用受制于任何领导的监督，收入也比较稳定。我对此很满意，所以我的幸福指数非常高。

很多人都羡慕地说：“你是运气好啊，我们可找不到你这样的好工作呢！”

如果我是因为好运气才有了这份工作，那么我要通过以下几个步骤来帮你打造这样的好运气。

几个关键步骤，打造你的“好运气”

第一步，找到你的天赋领域。

我听过一句话“用天赋换取金钱是最为方便快捷的”。对此，我百分之百认同。曾经我也是在自己不擅长的领域工作，比如保险理赔、营养品销售等，做得非常费力，而且收入微薄。我当初还以为那就是我人生的常态，一辈子都改变不了了。

直到我开始写作，仅仅用了两个月的时间，就有文章被主流媒体转载，随后就有多家百万级流量的微信公众平台找我签约写稿。一周不用工作四十个小时，收入就轻松超过了以前的收入。我当时感觉就像在做梦，仿佛进入了一个全新的世界。

所以，如果你还在原来的单位里做着不喜欢或者不擅长的工作，那我要邀请你做一个探索。这个探索叫作“热情与天赋的探索”。

那么，请你准备一套纸和笔，快速写下你认为自己特别喜欢或者特别擅长的十件事。

比如，我的特长是写作、沟通、做饭、旅行、读书、分享、骑车等。

你最好能够写出十条，因为这样有助于你看到更加丰富和立体的自己，增强对自己的信心。

当你写完十条后，请你迅速删除其中的五条。比如，我就在第一时间把做饭、骑车等删除了。因为我在这些领域取得的成就都很一般，使得我随时可以被取代。

随后，我再邀请你做另一件事，那就是从剩下的五条里继续删除两条。那么，现在你就只剩下三条。

不要觉得可惜，因为虽然我们有很多特长，但是如果要把它发展成职业，是需要聚焦在某一个点上的。

那么此刻只剩下三件你喜欢或擅长的事情。好的，我邀请你回顾一下，你曾经在这三个领域内获得了哪些荣誉？在哪个领域获得的肯定和称赞最多？

比如，我首先想到的是写作。我小时候学习一直不好，唯一能受到老师称赞的是作文。工作后，我通过邮件给领导提建议，通常都能够成功。甚至，我在微博和朋友圈做文字分享时，也经常收到很多人的称赞和鼓励。所以我知道，写作对我来说，是排列在第一位的。于是我就随之定义，这就是我的第一项天赋。

你的天赋或许和我的不一样，但是它一定存在。有的读者在我的带领下，也做了这个探索。之后，她辞去文员的工作，做起了销售，最后居然做到了销售总监的位置。

因为她的社交能力非常强，而且善于洞察他人的需要，所以做销售比别人轻松，又容易成功。

还有个全职太太，她常年不去工作，很怕被老公嫌弃。后来我们一起就成就感做了回顾，看看她曾经在哪个领域获得过成就感，而且这个成就感是轻而易举就能获得的。

她突然想到，她对饰品非常有研究，手工做得也特别好。一个人在家的时候，她经常会做一些创意饰品打发时间，有一次还把饰品送给了老公的领导的太太，对方很喜欢。她后来就租下一间门面开起了饰品店，工作不是很忙，还能养活自己，她非常满意。

也许你会有疑问：我没什么学问，手也不那么巧，是不是没有任何天赋呢？我的答案是否定的。很多心理学家研究发现，其实人人都有天赋，只是大多数人不重视自己的天赋，或者认为自己即使擅长做某一件事情，但也不可能通过它去成就一番事业，所以就让这个天赋白白浪费了。

好，当你找到了自己的天赋，就可以开始第二步了：付出行动。

如果把发现天赋比喻为找到事业的种子，那么每日采取的行动就是在为这颗种子浇水施肥。

我是从五年前开始写作的，当时还有很多人和我一起写作，而且他们写得都比我要好。这证明他们也和我一样，拥有写作的天赋，但是他们大部分人却没有重视这个天赋，停止了耕耘，把才华又藏于腹中了。

而我是从第一天开始直到现在都没有停下来的。因为这个，更多人认识了我；也因为这个，我开始运用第二项天赋，那就是做咨询。如今我轻松兼顾这两份工作，并能使二者相互成就。

我可以把写作锻炼出来的逻辑归纳能力运用到咨询的沟通中，也可以把咨询的案例稍加修饰应用到我的文章里。

我将这两份工作有机结合，使自己达到了既自由又满足的工作状态。

如果你也发现了自己的天赋，就请你不要禁锢自己的手脚，也不要等待他人给你任何支持，勇敢去做，并且一旦开始，就不要回头。

时间，会给你最好的成绩单。

第三步，在这个领域里进修。

发现天赋并赋予行动，并不一定就万事大吉，就像文中那个读者，她过去做文员，后来发现自己更适合做销售，于是在找工作的同时，又报了课程学习销售技巧。

我们知道一万小时定律的重点在于用时间实现技术的质变，但如果你要变得不可取代，那还需要通过不断地学习才能实现。

我过去以为写作是没有什么技巧的，所以一直在用力地写，但是后来发现写作分很多种。当时在写公众号文章时，其实就缺失很多技巧，我为此去学习了几个专业课程。

无论你是要做糕点师、饰品师，还是老师，如果想把天赋的价值最大化，那你当然也需要通过学习来精进技能，从而减少自己苦苦思索和试错所浪费的时间。

当你一头扎进自己热爱的事业时，你所做的一切都是围绕自己的兴趣展开的，因此你不会觉得辛苦。我有个朋友从原来的机关单位辞职，原因是厌倦钩心斗角的办公氛围。相比之下，她对给人做美容特别感兴趣。

后来她拿出存款去报了高级美容课程，在离家不远处开了一家小型的美容院。过去因为做的是自己不喜欢的工作，所以一周上五天班都觉得非常累，后来开了美容院，她自称每天就像打了鸡血一样精神饱满，不知疲倦。有一次客人多，连续工作了十二个小时，但她还舍不得下班，后来干脆把老公也叫过来，给老公做了一次私人皮肤护理。

她说自从换了工作，她的人生便大有不同。

因此，你如果也像过去的我们，被不喜欢的工作拖累着，那索性放下那块鸡肋吧，去做热情探索，然后跟随你的热情积极行动，并且在开启新的事业之后，不断去学习以精进技能。我相信，不出三年，你将在事业上获得掌控感，你对生活的满意度也将随之飙升。

你那么害怕领导，是和父亲关系不好吧？

怕领导其实是在怕权威

在单位里，升职加薪是有规律的。如果两个人学历差不多，业务能力差距不大，工作年限也不相上下，按理说他们的机会是相等的，可是偏偏，一些人容易获得升迁和加薪，而另一些人即使付出再多，也得不到想要的机会。很多人会把这种差异的成因解释为运气的好坏。

但从心理学角度来看，这种差异的形成其实是有个隐性原因的，那就是那个总是得不到机会的人和领导的关系不够好。

比如来访者 A，工作七年，工作很认真，和同事的关系也很融洽。很多人认为她再怎么也该做个主管，结果她通过七年努力，只混了个小组长的头衔。

她也百思不得其解，问我："我为什么运气这么差，每次部门要调整岗位，我就以为我会有机会，结果每次都落空。我也想着干脆跳槽算了，但是不甘心啊，在一个地方做习惯了，不想轻易地换地方。”

我说：“那你有没有和领导提过你的想法呢？”

她说：“我的工作态度和能力大家有目共睹啊，领导也不是第一天认识我，我不去说他也应该知道，我早就该升职了。”

我说：“你是不愿意去说，还是不敢去说？这有本质的区别。”

她停顿了半天说：“我其实是不敢去说。要是领导拒绝我，我得多难堪啊！”

我说：“如果我是领导，我也不给你升职。因为你从来没有跟我提过，我怎么知道你的想法是什么？”

A 这才说出自己的困惑：“我其实挺害怕领导的，如果不是他主动跟我说话，我对他是能躲则躲。”

其实我理解 A 的情况，因为我曾经也是这样，小时候怕老师，长大了怕领导。记得我有一年进入一家大公司工作，机遇很不错，面试我的是华东区的总经理，我当时表现得非常自信，面试也很顺利。

但是入职第一天这一切都改变了，我和另一个同事一起报到。结果发现总经理只对那个同事打招呼，我在他面前就像空气一样。我顿时就像霜打的茄子，失去了信心。

我的内心戏是这样的：“我肯定惹领导不高兴了，以后要夹着尾巴做人，最好离领导远远的，不要让他心烦，这样我就安全了。”

结果是，我持续这样想，我的预言就成了真。后来领导不仅继续无视我，甚至还调了我的岗，安排我去做一份更加没有技术含量，也更加没有翻身余地的工作。然而就算遭到这样的对待，我也不敢去向领导表达任何想法，只是在背地里抱怨他对我不好，心里却对他有了更多的畏惧。

那么，这一切的根源到底在哪里？为什么我们会对领导有着超出合理范围的恐惧呢？

惧怕权威的根源是曾经和父亲的关系有问题

深层的原因有以下两点。

第一，被忽视。

就拿我自己来说，我出生在一个有五个孩子的大家庭里，排行老五。按常理来说，最小的是最受关注的，但是我们家是特例。我们家清一色的女孩，生到第四个早已没有新鲜感，所以到我出生的时候，我猜想我父母的失望应多过欣喜。

现在开放二孩，有二孩的父母都觉得老二比老大要精明，懂得察言观色。那是因为老二知道自己是第二个，不是唯一的那个，所以如果不懂事一点，就很难博得父母的关注。

而我是第五个，就算父母没有任何偏见，我享受到的关注和爱也只有五分之一而已。况且父母是普通人，他们的精力和时间有限，他们会因为各自对孩子性格和长相的偏好，对每个孩子的态度也会略微不同。

比如我母亲更喜欢我大姐，而我父亲更喜欢我四姐。自从我记事开始，就知晓自己在家庭里的位置，因此非常地乖巧懂事。

我经常见到父亲拿零花钱给我四姐，早晨给四姐单独做猪油炒饭，而我总是躲在远远的地方看着，还不敢表达心底的羡慕。

我当时并不知道，我心里是苦涩的、匮乏的。

直到长大以后，在第一次和我的咨询师见面时我畏畏缩缩的，他对我说："你这么紧张，是从小就怕你父亲吗？"我才恍然大悟，原来我把所有的权威都看成我父亲，所以从来不敢自若地在他们面前表达自己。

第二，被打压。

A 的处境和我的有些不同。她父亲是个律师，在外面出口成章，靠嘴皮子吃饭，下了班把职业病带回家。他对 A 的要求非常多，哪怕 A 吃饭时没有双手端起饭碗，他也要教训很久。

有一次 A 把父亲的一支笔带到学校去，回到家就被父亲劈头盖脸地骂了一个小时。他的意思是：你要是不及时改正这样的行为习惯，长大了就是个罪犯，是被人唾弃的人。

A 听后眼泪大颗大颗掉下来，却无从申辩，因为爸爸的嘴太厉害了，怎么说都说不过他。他今天给女儿讲这个法律条文，明天说那个反面教材，心底是希望女儿能够学好、走正道，但是他忘了，在学习法律和道德标准之前，孩子更需要父亲的爱。

A 说从小就对父亲有很强烈的恐惧，后来到学校里，虽然成绩很好，但也从来不敢靠近老师，因为害怕老师和爸爸一样挑剔，给她讲道理。

她到了单位里，也是默默地坐在角落里工作。她从来不去邀功，也很少参加部门的聚餐和聚会，因为害怕和领导近距离接触。

那么这样的人会给领导留下什么印象呢？

我有个朋友在外企做高管，她说："我就喜欢给那些自信和积极的员工机会。如果一个员工连我都不敢面对，那我很难相信他可以自如地应对客户。如果一个员工从来不和我谈他的理想和蓝图，那我又怎么会投其所好地给他机会呢？"

她说评估一个员工的能力，绝不仅仅是看他能否把手头工作做好，还要看他是否善于表达自己，以及对自己的未来有没有明确规划。

其实大多数领导都是这样看待人才并给予机会的，所以当初的我和 A 一样，在工作方面总是遇不到好机会。

修复与父亲的关系，做回内心强大的职场人

当觉察到这一切的根源来自我早年的经历时，我做了几件事。

第一，增加和父亲的联系。

小时候，我的确会感觉到自己是被忽视的那个，因此压抑自己的委屈，并对父亲产生了畏惧。

长大后，在没有学习心理学之前，我和父亲在日常生活里的联系也不多。在外地工作，我打电话回去，也总是习惯和母亲聊天，而很少和父亲说话。

后来我意识到这一切需要改变。于是我刻意增加与父亲的联系，比如直接打电话给父亲，围绕他的生活展开提问，并且给他体贴与关怀。

除了电话沟通，我还刻意创造和父亲独处的机会，比如有时候从上海回老家，如果母亲下午去打牌，我就留在家里陪父亲。

刚开始的时候，我会感受到距离和陌生感，我知道父亲也有这种感受。但是时间久了，父亲就和我越来越亲近，他甚至会说："如果你走了，我们会想你的。"

我知道，我和父亲的关系真的升华了，这种升华让我过去对他的敬畏转化为自然的亲密。当我和父亲真正建立起亲密关系，我的内在便认同这是一种成功。当我再遇到权威时，这个

成功的经历就会跳出来鼓励我，让我放下敬畏甚至恐惧，主动迎上去，去不卑不亢地沟通。

第二，搜集早年经历中父亲给我的正向资源。

很多人都有这样的经验，即会对早年经历进行概括性总结。比如当我们感受到父亲忽视我们时，会本能地总结出父亲在所有场合、所有时间里都会忽视我们的结论。一旦得出这个总结，我们的痛苦就开始了。

所以，要走出这个痛苦，我们就需要去反向探索：父亲是不是曾经也重视过我们呢？

我突然想到在七岁那年，父亲带着我去了他的单位，那一次没有姐姐们，只有我。一到他的单位，就有他的下属问他："领导，要不要鸡蛋啊？"

没想到父亲说："你要是去食堂，就给我带几根绿豆棒冰，我女儿喜欢吃。"

那是我第一次吃棒冰，一天吃了两根，那个甘甜的味道我到现在都记忆犹新。而那份记忆，其实可以归纳到有关专属我和父亲的美好时光的记忆里。

当我觉察到这个信息时，内心顿时感觉到一种久违的温暖。我陡然发现，其实父亲并不是忽视我，而是平时过于忙碌，无法在每个女儿面前做到完美。

我带领A做了这个回溯工作，她起初的态度是："我父亲是个钢铁侠、冷血动物，对我就只有打压，根本不关心我的。"

我反问了她一句："你确定吗？你父亲在养育你的十八年里没有关心过你？"

她迟疑了，过后想起来两件事并推翻了自己的观点。一件事是她在小学时，被班里一个男孩子堵在路上欺负，男孩子要抢她书包，她险些被推倒在地。就在这时，父亲一个箭步冲上来，批评了男孩子，拿过她的书包，牵起她的手走了。

被父亲牵手的感觉，让她温暖了好几天。

另一件事发生在初中，她在学校突然剧烈腹痛，父亲正好那天在家里办公，很快赶到学校把她接出来，送到医院。检查结果是阑尾炎，医生要求做手术，术后父亲担心有后遗症，整夜都陪在病床前，眼睛都熬红了……

A 后来说："我怎么才想起来这些呢？原来父亲真的是爱我的，只是他表达爱的方式让当初的我接受不了，是我误解了他。"

A 随之在我面前长舒一口气，仿佛从一场噩梦里醒来发现自己还活着，而且还活得好好的。

当她内在对父亲的认识改变了以后，她和父亲的联系便变得多了。她发现父亲在日渐变老的同时，也变得越来越柔和，所以她对父亲的恐惧和排斥也就得到了释放。

能量是相通的，当她和父亲的关系变得轻松后，她也就有了面对领导的勇气。不久后，她终于拿到了盼望已久的主管职位。

而我呢，现在无论遇到什么大咖或者高层，都可以轻松自如地去交流，因为我从父亲那里找回了应对一切权威的力量。

你的拖延，百分之九十来自这个原因

从雷厉风行到拖延，都是自我攻击惹的祸

最近和朋友 W 在讨论一个话题，那就是拖延。过去的三年里，我对她的了解是，她是一个雷厉风行、事必躬亲的人。她喜欢分享朋友圈，我有一次对她抱怨："你的朋友圈好刺眼，如果我再敏感脆弱点，就要羡慕死你，恨死自己了。"

这是为什么呢？因为她太自律了，生活又安排得有条理。她每天早上六点起床，十分钟刷牙洗脸，花十五分钟做身体舒展运动，然后花三十分钟为家人准备早餐。等大家都吃好了，她就化个淡妆，踩着高跟鞋出门去打拼。

她是部门经理，底下有二三十个人等着她发号施令，很多客户需要她出面周旋。她有时候忙起来，到了下午三点才会想起没有吃午餐。但是看着手中未完成的事项，她喝一杯咖啡，

又继续投入到高强度工作中去。

她晚上通常是八点多才到家，这时老公在看股票，孩子已经做好了作业。她这才能好好坐下来，细细地品尝老公给她留好的晚餐。吃完晚餐后一家三口散步聊天，或者她看着老公和孩子下象棋。九点以后，孩子读书睡觉，她则去浴缸享受一天中最放松的时间。

所以啊，八卦新闻里经常说又有哪个明星成了人生赢家，我认为我都不用舍近求远去看他们，我只要看 W 就可以，真正的人生赢家正是她这个模样。

只是呢，事情出现了转折。最近几个月，自从疫情后复工以来，W 的状态发生了很大的变化。她居然对我说："周啊，我前两个月差点就失业了，多亏一个中医救了我。"

我还以为她得了什么大病，结果她说："我那段时间有严重的'拖延症'，每天工作状态都不好，一天的工作量要三天才能完成，急火攻心啊，差点丢了工作。"

我很奇怪，她过去可是高效低能耗的铁娘子啊，是什么原因导致她这么自律的人得拖延症呢？

我后来对她处于低迷阶段时的心理状态进行了分析，得出结论：和所有越拖越严重的拖延症患者一样，还是那个"自我攻击"的臭毛病惹的祸。

自我攻击是什么？举个例子，在小学里，你的老师让你做一百道数学题时说："这些题都很简单啊，你们都要算对。"

结果你答对了九十八道，老师说："多可惜，差点就一百分了，下次要更仔细！"

然后你就很生气，不是生老师的气，而是生自己的气。心里想："我怎么就不能多验算几遍呢？我怎么就那么粗心呢？"你越想越烦躁。

烦躁几天后，迎来了第二次测试，老师又给你们出了一百道数学题。他说："上次没有全对的同学，要更加仔细点啊，不要又做错了。"

你其他的没有听到，只听到了"不要又做错了"。等到了潜意识那里，这句话再被精简一下，就变成了"又做错了"。

结果就是你这次的表现还不如上次，你只答对了九十道。老师更加失望了，拿着教鞭敲你的桌子，就好像刚才你考试的时候睡着了，才导致做错题，所以他要把你敲醒。他说："你怎么回事，一次不如一次！"

你无言以对，因为老师说的是事实。于是你也听信了老师的话，在心里对自己说："我真的太不应该了，我怎么能这么不认真呢？我简直是粗心大王！"

再往后看，第三次考试还没有来呢。你在考试前一天晚上就已经失眠了，在老师发卷子之前，你手心都在冒汗，心里有一万只兔子在蹦跶。你是这么安慰自己的："有什么好紧张的，这次加倍认真就行了。"

可是你的身体听你的吗？头脑是意识的载体，身体才是潜意识的载体。你的身体已经被你训练过了，你告诉它你是如何地不认真，如何地不争气，如何地不仔细……

它都记住了。当你一落笔，不出意外，你还是会粗心，造成各种失误……

后来怎么样？后来你就绝望了，害怕见老师，害怕见父母，觉得自己谁都对不起。

再往后，如果你不治疗，不去进行心理干预，估计就连学校都不敢去了。

其实以上的这段假设是真的，是一个高中生告诉我的她的心路历程。她的数学成绩一直不好，可是父母又告诉她，只有学好数理化，才能走遍天下都不怕。可是她正相反，经常连数学作业都完不成。

数学老师说她偏科，语文的八百字作文都能写完，怎么就经常做不完数学作业，做完的作业还错误不断。

她说："不知道啊，我也想好好做啊，可是每次写完其他作业，留给数学作业的时间就不够了。我没有办法，也着急，难道我想被老师批评吗？"

为此她来做咨询，我们做了回溯后才发现，她在数学方面之所以拖延，是因为在小学二年级，她第一次得了一百分，老师把她当成了种子选手，结果第二次她只得了九十八分，老师不满，对她进行各种说教与鞭策，后来她吸收了老师对她的失望，不断地攻击和指责自己，对数学的学习热情就这么熄灭了。

她还跟大家一样，认为自己没有数学天赋，智商不够。

说回我的好朋友 W。她原本是个工作效率很高的人，但为什么改变了呢？

原因是疫情发生后，她在家里休息了三个月，生物钟完全被打乱。她不再需要每日早起，也不需要熬夜写报告。很多时间都被她拿来看书睡觉。

要知道三个月足够让一个人养成新的作息习惯，所以开工后，她产生了强烈的不适应感，头脑和身体都习惯了放松状态，导致短时间内节奏就是快不起来。

这样的结果是，复工一个月中，她的工作效率只达到了过去的一半。

如果换作一个对自己的宽容度高点、接纳度高点的人，可能再给自己些时间就会调整过来，可是她不行。她每天工作到下午都会陷入无穷的自责，觉得自己太过分，又浪费了好多时间，再这样下去，整个部门都会被她耽误。

就这样日复一日，突然有一天早上，她起不来，觉得双腿都没有力气，老公被吓坏了，说：“要不打 120 吧？”

她哭了，说自己不能休息啊，还有那么多工作要做呢，怎么能生病呢？可是越想这些，她就越是恐惧，身体更加动弹不得。

后来，她在老公的强烈建议下去看了中医。就诊的十分钟里，她看了三次表，医生说：“你要改啊。你气血亏，这样下去不是工作危险，而是身体危险。”

医生接着说：“你这个人太要强，什么事都想做好。想法是好的，但是人要尽力而为，要允许自己犯点小错，不然你会被自己逼死的。”

W这才幡然醒悟：“我不就是有拖延症吗？这还能逼死人啊。”

医生说：“是啊，你每天拿把刀子捅自己，可不得出人命吗？”

非常有道理啊，因为身体是潜意识的载体，而潜意识里你在进行自我否定、自我攻击，所以你的身体自然会出现症状。

停止自我攻击，摆脱拖延症

那么，该如何改善这种状况呢？

第一，停止自我攻击。

我特别认同一句话——自我攻击是一种内耗。除了消耗自己的能量，毫无意义。要想活得轻松、工作高效，首先是要减少内耗，停止向内攻击。

第二，每天早晨做计划。

“计划”是我们生活和工作的运行指南。如果你已经有拖延的困扰，那么就不宜做太多计划，比如一天要完成十几项事项，那只会增加压力。

有一个技巧是，如果你前面几天的计划里有七件事，但只完成了五件，那从今天起，你就先列五件，让自己不用费力就能够完成。

还有个技巧，那就是在列好计划之后，给自己五分钟时间去做冥想，想象自己完成这些任务后是什么感受。如果你能观想到一个轻松的、愉快的场景，那将会给你这一天注入更多信心和动力。

第三，晚上只用来做表扬性总结。

有教育专家说过，做父母的不要在孩子早晨刚醒来和晚上入睡前去指责他，因为这两个时间都是潜意识特别活跃的时候，孩子非常容易“吸收”父母的指责。

其实我们对自己也是一样。如果一天下来，你努力了但还是没有将计划全部完成，那请你停止指责，把视线聚焦在你已经完成的事项上面，好好地欣赏和肯定自己做出的努力。

即便哪一天真的“一事无成”，你也不要着急。以我为例，我曾经定下每天四点半起床的计划，决定每天早晨完成三千字文章，结果做了三天就做不下去了。

可是我一点都没有指责自己，反而对自己开玩笑说：“你起不来不代表你懒，而是代表你的身体需要更多睡眠，所以安心睡吧。我相信你还是可以做好你的工作的。”

有时候我甚至一天一个字都没写，而是去逛菜市场、逛公园。我也不做设想，不给自己贴懒惰的标签，而是认为那就是我当下最好的选择。

正因为我尊重自己每时每刻的选择，所以我的内在没有任何冲突。休闲的时候就休闲，工作的时候一旦进入状态就非常地高效。

W 也说，自从听了中医的话，就开始学习得过且过、顺势而为。状态好就快马加鞭，状态欠佳就索性休息一下，经过反复调整，她的状态又回到了从前。

是的，我们都以为拖延症意味着懒，其实有拖延症的人最希望自己勤快，奈何物极必反。当我们对自己过度要求，却从不宽容时，我们的身体就会受累，我们的动力就会随之下降。

所以归根结底，要想做得好，先要让自己感觉好。从今天起，别把自己昨天的某次失误夸大为人生大事件，更别随意往自己身上贴拖延的标签，而是对自己多一份理解，允许自己偶尔打个盹、犯个错，把一百分的负担甩掉，为自己能做到六十分喝彩。

从此，多一分都是意外的惊喜。

三十岁了还一事无成，该怎么办？

三十就一定要“立”吗？

从这个标题我们可以品味出两个意思：三十而立，人要成功。

我们首先要看看成功的标准是什么。一份很赚钱的工作，买了大房子和高档的车子，还是按时结婚生子？

其实在我看来，一个人只要有健康的体魄、一份自己热爱的工作，以及安定舒适的住所，就是成功的。可是在很多人的字典里，成功是需要达到更多附加条件的。

记得去年邻居秦阿姨经常向我吐槽，她女儿当时正好三十岁，未婚，在一家民营单位的人事部工作，每天起早贪黑的，工资还不高。

阿姨为女儿发愁，说：“人长得不漂亮，钱挣得又不多，现在连个对象都没有。你说她三十岁了还一事无成，怎么办？”

我问阿姨：“你在担心什么呢？”

阿姨想半天，说：“我担心我们走了以后，她一个人怎么活。”

从这个对话里，我发现了两个有意思的现象，这也是很多人的思维通病。一个是大家把三十岁当成了人生的一个重要节点，认为人生大部分的成就必须在这个节点前完成。如果完不成，这一辈子就会被下一个“失败”的定论，往后无论多努力都已回天乏术。

另一个现象是，父母把孩子看成自己生命的延续、家庭的希望。一旦孩子长大后的模样不符合父母的期待，他们就会失望、担心——因孩子不能满足他们的期待而失望，对孩子是否具有经营生活的能力感到担心。

而且父母还会有一些自恋，认为自己是孩子最大的依靠。只有自己在孩子身边，孩子才能生活得很好；如果自己不在了，孩子的生活就会崩塌。

因此，孩子在日复一日地受父母这种担心和焦虑的情绪的影响下，也开始认同这个观点。他们在二十几岁的时候就提前进入焦虑状态，好像三十岁是一座独木桥，还没有靠近它，内心就已经摇摇欲坠。

我曾找过秦阿姨的女儿莎莎聊天，我问她：“你对你的生活现状感到满意吗？”

她说：“我不满意，工资不高，但又不敢跳槽，因为年龄大优势就不那么强了。离家远的工作也不适合我，因为我没有多余的钱去租房子。但是住在家里我也是很无奈的，回到家还要听我妈妈唠叨‘今天有没有努力工作啊？有没有人给你介绍对象？’等等。”

我很惊讶她年纪轻轻就过得这么纠结无奈，我问：“那你有没有想过改变呢？”

她摇头：“我觉得好难啊。”

我说：“莎莎，你听过‘三十而立’这句话，那有没有听过另一句古话叫作‘人生七十古来稀’？”

她回答：“我听说过啊，这句话与我有什么关系？”

我说：“关系很大呢！以前之所以会提倡大家三十而立，是因为那时候人均寿命只有五六十岁。人如果活到了三十岁，就相当于人生过了一大半，那么人们理所应当要在人生前半程把自己的事业和婚姻都安排好。再加上医疗资源和物资双重匮乏，人们的身体素质差，营养健康水平非常低，生命力最旺盛的时期是在三十岁之前。因此，这才有了三十而立的重要性和必要性。而现在，一切都改变了。医疗条件越来越好，人们的保健意识也越来越强，我们的人均寿命已从过去五十岁出头发展到近八十岁，已经达到发达国家的水平。所以，按照大多数人的寿命标准，即使现在三十岁了，你也还有五十年好光景呢，所以急什么呢？”

莎莎听完我的解释，好像打开了一个新世界，顿时兴奋地说："周周姐，怎么从来没有人对我说过这些？我真是太喜欢这个解释了，我要改变，你觉得我先从哪里开始好呢？"

人生没有太晚的开始，每一个瞬间都很重要

我看过一部电视剧叫作《三十而已》，里面的三个女主角都把三十岁看作人生的分水岭：结了婚的，想在三十岁时把婚姻经营成最美的样子；没有结婚的，则希望自己在三十岁前顺利地脱单。

然而，越想事事如意，越是事与愿违。那个希望通过嫁个如意郎君改变命运的女孩，发现自己的男朋友脚踩两只船。那个希望通过打造完美婚姻从而提升自我价值的全职太太，发现丈夫出轨了。剩下的那个一心一意要把丈夫改造成更加浪漫、体贴的小女人，每日都在婚姻里经历着同样的挫败。

她们全都在三十岁那年败下阵来。于是她们都在心里发问："这一切到底怎么了？"

我当时和另一个心理咨询师朋友讨论过，她说："她们都太恐惧了，以致看不到自己的价值。"

后来随着剧情的推进，三个女孩纷纷对自己的人生进行了反思，并对自己的状态进行了调整。从她们调整的过程中，我帮助莎莎重新梳理了人生：

第一，人生没有任何分水岭，每一个瞬间都很重要。

在二元对立的世界里，我们的人生是有很多应该和必须的：小时候必须努力学习，拿到一百分；长大了必须努力工作，并趁早结婚生子。

所以，我们的生活是程式化的，不能有偏差，也不能有耽搁。这样的认知有个很大的漏洞或错误，那就是大家都认为人生的重要时刻都集中在三十岁之前。按照这个推理，三十岁以后的人生就变得廉价了，三十岁以后的人生就开始走下坡路了。

这种认知听起来就令人沮丧。如果我们能够突破这种认知的局限会怎么样呢？

大家有没有听过美国一个被称作“摩西奶奶”的人的故事？她出生在美国的一个农场，从出生到七十五岁一直都没有离开过这里。在七十五岁以前，她的生活被各种农活占据，与艺术完全沾不上边。直到七十六岁那年，她才开始正式作画。起初她的画只放在农场杂货铺出售，但很快被艺术收藏家发现，并随之一鸣惊人。

由此，摩西奶奶从农妇成功转型为举世闻名的画家，她的绘画作品被拿到世界各地的博物馆进行展览。

很多人把她当成大器晚成的典型人物。作为当事人的摩西奶奶也说：“我认为人人都能作画，任何年龄都不晚。”

所以，没有什么是最好的年龄，也没有什么是最佳的时间，只要你认真地经营你当下的生活，你的每一刻就都是重要的，也都是在成就你自己。

这个道理适用于我们所谓的人生两大要事：事业和婚姻。

我的一个读者说，她在三十岁之前根本没有结婚的计划。她认为女人不要寄望于婚姻可以改变命运，而是先把自己活出想要的样子，自给自足，再去找个配得上的人结婚。

另外她还有个特别好的观点，那就是：我们不是流水线上的标准化产品，我们每个人都是独具特色的，别人的活法仅供参考，不代表我们要把它复制粘贴到自己的人生模板里。

我特别欣赏她的通透，如今她三十八岁，婚姻和谐，工作出色，双胞胎儿子已经四岁。所以一切都没有早晚，只要找准时机，就是刚刚好的时间。

第二，做自己感兴趣的事情，并持续去做好它。

当我做了自己喜欢的写作和咨询工作以后，恍然发现前面十几年的工作，不过是在消耗我的时间和精力而已。

之所以很多年轻人对未来的信心越来越弱，就是因为他们一直做着不喜欢的工作，而且当工作带来的压力和收获不匹配时，他们又认为自己的能力不够，更加不敢跳槽去做新的尝试。他们往往忽略了一个规律：做不喜欢的工作会事倍功半，而做喜欢的工作则会事半功倍。

因此，我建议莎莎，不要管父母怎么看，自己要先找到喜欢的工作，要知道人为什么恐慌啊？就是因为害怕失去对生活的掌控力啊！

假如你能找到一份喜欢的工作，并持之以恒地付出努力，那么你不仅在这个过程里是享受的，而且会发现自己越来越优秀。当发现自己变得更优秀时，你就会重新获得对生活的掌控力，你的人生就不再轻易被某个局限的世界观所限制。下次在面对父母的追问和唠叨时，你完全可以不再唯唯诺诺，而是拿出自己的成就和业绩去说服他们，甚至是推翻他们的观点。

《三十而已》里面的三个女孩，后来都通过在事业领域的探索和深耕，打造出自己的另一片天地。在婚姻生活中无法实现自己梦想的女孩，在离婚后选择扶持山区的一片茶园，并且和当地淳朴的人们产生了深刻的情感联结。她不仅开创了事业，也洗涤了自己曾经浮躁功利的心。

希望嫁个有钱人的女孩，则在失恋后选择更加踏实勤奋地工作，通过自己的努力获得自信和更高的价值。

最后，那个在单位里被人当成使唤丫头，在家里又受老公管控的女孩，在离婚后利用工作以外的时间写了一部小说，意外获得金钱和名誉的双重丰收，人生之花瞬间绽放。从此，她有了掌控自己人生的能力。

第三，学会独处。

叔本华说过：“谁要是不热爱独处，那他也就是不热爱自由，因为只有当一个人独处的时候，他才是自由的。”无论是在工作、生活还是婚姻中，依赖他人都是很被动的。

独处能带来觉知和反思，使人在阻隔了周围的杂音后，在静默中探查自己内心真正的热爱和需要，从而慢慢摸索出更加适合自己的路。

有句话叫作“在人群里不慌张，在独处时不寂寞”，这就是一个人成熟的标志。就像莎莎，过去几十年一直与父母共处，所有的价值观都来自父母，她很难清晰地看到自己，更加难以相信自己有能力为人生负责。

后来她意识到不管三十岁还是四十岁，让自己独立才是走向成长的第一步。于是她做出了两个大的举动：第一个是放弃了当前鸡肋般没有前途的工作，找到与自己兴趣和能力匹配的工作；第二个是在新单位附近租了房子。

之后的半年里，虽然缺少父母的悉心照顾，工作也比从前辛苦，但是她却体验到了一种踏实的感觉，她说就好像把生活握在了自己的手心里。

父母在看到莎莎依靠自己的努力也能自食其力之后，反而开心地对我说：“我女儿还是了不起的哦，一个人租房子还要做饭、打扫卫生，居然也应付过来了。”因此可以看出，父母所谓的希望子女成功，不过是希望看到子女真正地独立自主而已。

所以，三十岁不是什么节点，顶多是我们人生的一个驿站而已。成功和失败也没有唯一的标准，只要你做的是喜欢的事，过的是喜欢的生活，无论你几岁，已婚还是未婚，都可以过得精彩和自在，而不是活在别人的期待和定义中。

成年人的洒脱从远离低质量的社交开始

你还在沉溺于低质量社交吗？

和朋友恬恬进行了一个关于成年人的社交的讨论。为何讨论这个话题呢？因为她在一个月以前和相处了三年的男友由于这个原因分手了。

刚恋爱的时候，她是这样形容新男友的："他符合我对男朋友所有的期待——学识渊博、健谈开朗，关键是朋友很多。"

恬恬强调男朋友的朋友很多，是因为她从小就认为自己很内向，朋友很少。上学的时候，一见到很多女生成群结队地走路，她都很羡慕，但是又不敢上前搭讪，生怕被拒绝。

她潜意识里对自己社交这方面是不满意的，正因为不满意，所以有了要补偿的动机。因此在择偶的时候，她会首选社交能力强的。

只不过“成也萧何，败也萧何”，她当初被男友吸引的原因是他朋友很多，而后来让她无法忍受的正是他朋友实在是太多了，多到他已经看不见她了。

我对恬恬说：“我现在倒是觉得，你比你男朋友更懂社交，内心更富足。”

恬恬说：“可是我到现在还是没有几个朋友啊。”

我回复她：“你眼前不就有一个吗？虽然相隔千里，却随时可以听你倾诉。你身边还有个每天对你嘘寒问暖，经常给你炖汤喝的好同事。”

恬恬有个同事也是单身，是外地人。她去年得急性胃炎住院时是恬恬主动去照顾的，每天又是炖汤又是帮敷热水袋的，让同事在心底充满感激。这次恬恬失恋，同事回馈了同等的爱，每天嘘寒问暖，还请她去当地最好的美容院做了全身 SPA（水疗）。

而她男朋友就没有那么幸运了，从两人的出租屋搬走后，原本打算到朋友那里过渡一个月，没想到却遭到拒绝。无奈的他在找到房子之前只好在九十九元一晚的旅馆凑合了一个星期。

恬恬一阵唏嘘：“唉，原来那个意气风发的社交达人现在竟这么惨。”

我说：“这是他必然会经历的，因为他真的误解社交的意义了。”

如何正确理解社交

1. 什么是真正的社交呢？

一般的定义是这样的：社会上人与人的交际往来，是人们运用一定的方式（工具）传递信息、交流思想，以达到某种目的的社会活动。说得简单点，社交就是人们用适当的方式进行人际互动的活动。

人的确是离不开社交的，这也是人和动物的区别之一。我们的衣食住行、工作和学习，没有一样可以完全脱离人群或者特定他人的帮助。有时我闭上眼睛，观想地球是一张网，我就是这个网中的一分子，无论愿不愿意，我都无法脱离这个网，去独立地生存。

从这个角度讲，无论我们是动还是静，每一分每一秒都在和他人发生关联。因此，你有理由相信自己从未孤独过，也从未被忽视或者被抛弃过。这是广义的社交。

而狭义的社交，是指看得见和摸得着的交流，是用言语和行动与他人发生关系的活动，而且还带着某种目标导向。比如，小时候你和同桌讨论数学习题，你和表姐去看电影，你和邻居去公园跳绳，这些都是狭义的社交。

进行这样的社交，是非常自然又能提升你的生活质量的。和同桌讨论可以破解难题；和表姐看完电影后，可以在回家的路上一边吃着棉花糖，一边讨论电影情节；和邻居去公园跳绳，良性的竞争可以让彼此都越跳越起劲。

这些都是社交带来的好处。

2. 社交是一种生活方式，而不是彰显自己特殊性的技能。

我在做咨询或者讲课的时候，经常听到妈妈们的吐槽："我孩子社交能力差啊，朋友少啊，以后进入社会要被淘汰的，怎么办？"

其中一位妈妈的儿子已经读大学了，她还在忧心儿子社交能力差，整天就知道闷头读书，生怕他以后工作也找不到，对象也找不到。

后来我要求和她的儿子谈谈，因为我知道她妈妈的眼光不够客观，只有通过了解孩子自己的认知和感受才能接近真相。

结果令我大吃一惊。他是一个很有主见的孩子，表面看来内向安静，不太爱参加集体性活动，但是我认为他的社交能力已经超过了一般人的。

首先他在陌生人面前可以落落大方地介绍自己，这是成功社交必备的一种心理素质。谈话的时候，他可以和我对视，一点都不畏惧，也不咄咄逼人，有那种恰到好处的从容。

后来我们谈到了交友，我问他："你怎么看待交朋友这件事？"

他说："肯定是我妈妈说我孤僻无能，没有朋友吧？其实我是有铁哥们的，其中一个是我高中的。虽然我们各自紧张忙碌，但是我有任何难题都会和他讨论，有压力的时候我们也会约一个时间一起打游戏减压。另一个是大学的校友，打篮球认识的，我们每周至少打两次球，打完也会一起去吃个饭。他还借给我好多参考书，我也把家乡特产分给他吃。”

我对他投以赞许的目光：“所以啊，其实你在交朋友方面是游刃有余的。”

他说：“嗯，我妈妈以为一定要每天呼朋唤友才叫活泼开朗，才叫有社交能力，但是我生性就不喜欢热闹，干吗要强迫自己去扎堆呢？”

是啊，这孩子理解得很通透。我们社交是为了什么？是为了让自己的生活更加丰富和美好。它是我们交换信息、互相学习和交流的活动，也是一种自然的生活方式，但绝对不是彰显自己特殊性的一种外在技能。

现在的家长有个认识误区，那就是单纯以孩子朋友的数量来衡量孩子的社交能力，把社交变成了定额任务，而不是进行互助和互动的美好活动。到头来孩子不仅体验不到社交的轻松和美好，反而还给他们徒增了额外的压力。

3. 远离低质量的社交，才能让自己更珍贵。

恬恬说，他的男朋友之所以对朋友的数量有执着的追求，并且宁愿把自己的时间和精力都用来应酬那些所谓的朋友，也是因为从小受到父母的“熏陶”：“人要广交朋友，多一个朋友多一条路。”

表面看来，此话没毛病，但分析一下就能发现漏洞。试问这辈子你要去多少地方，要走多少条路？

人家先在喜马拉雅山给你开条路，再到大兴安岭给你开一条路，你够得着吗？你走得过去吗？

这还是非常理想的情况。假如真有人在喜马拉雅山为你开路，那你们的友情是“真金不怕火炼”了。可就怕你给出去的是真金，人家回馈你的是一把黄土。

恬恬之所以觉得和男朋友在一起毫无希望，是因为男朋友在交友方面毫无原则、毫不筛选。谁找他借钱他都不拒绝，谁找他喝酒他都抢着买单，“八竿子打不着”的人结婚都会给他发请帖。每月一万多的收入，到月底他就所剩无几了。

这样的社交就是低质量的，表面朋友成群，实则是一种高付出、低回报的不平等交易。

人生的精致和美好，是适当精简出来的结果

有心理学家曾表示，社交分为三种类型：

1. 点赞之交、点头之交型：见一次就相忘于江湖。

2. 单方面付出型：他可以找你吐槽和抱怨，可以找你借钱，可以利用你的一切资源，但是当你需要帮助，需要共享他的资源时，他仿佛就得了遗忘症，把你视为刚刚认识的路人甲。

3. 彼此滋养、共同进步型：你们能力水平相当，有共同兴趣爱好，你可以为他挺身而出，他可以为你两肋插刀。你们可

以做到许久不联系，但一见面就有说不完的话。只要和他在一起，你就感觉自己也变得了不起。

或许你会问："我去哪里才能找到那些为我两肋插刀的人啊？"

其实很简单，先终止周围一切消耗你的关系。你要知道一个道理：我们每个人的精力好比一台电脑的内存是有限的。

如果你心里装满了那些天天朝你抱怨，只有在不开心的时候才想起你，缺钱的时候才约你出来的人，那你哪里还有容量去迎接那些与你频率相同，真正欣赏你、关心你的人呢？

就像恬恬，失恋以后给我打电话，哽咽着说："完了，我又要从零开始了。"我说："你哪里是从零开始啊？你有我这个朋友，已经坐拥一个亿了好吗？"

她扑哧一笑，说我讲得有道理。

其实我对朋友的选择标准也很高——为什么偏偏愿意随时听她倾诉？因为在我思绪纷乱、迷茫无助的时候，她也曾默默地陪伴过我、支持过我。

我曾见过这样一段话："我不要看起来很受欢迎，只要有一个人欣赏我就足够。我也不要很多人围着我，只要能在某个人面前放肆地哭、开心地笑，此生就圆满了。"

是的，人生的精致和美好，是适当精简出来的结果。把宝贵的时间留给值得的人，以珍贵交换珍贵，以真心换取真心。别让无用的社交廉价了自己，而要通过高品质社交让自己更加高贵。

人生的理想状态：有点钱，也有点闲

理想的生活就是有点钱，也有点闲

每个人对理想生活的定义都是不同的。比如我小时候，家里孩子多，经济困难，我的理想生活是夏天有风扇吹，冬天有个暖脚的热水袋。这样的话，夏天不会被热醒，冬天不会被冻醒。

我的一个朋友说，小时候她们家经济宽裕，电扇和电热毯一应俱全。本应很快乐，但是爸爸妈妈每天都要逼着她学跳舞、练毛笔字，她一周只休息半天。所以她小时候最想要的是有个真正的长假，没有人在旁边督促，每天想睡到几点就睡到几点。

看起来这不过是两个孩子的无心之言，是我们从各自生活不满意之处生发出的一些欲求。但是如果往深层去看，就会恍然发现，这两种看起来很简单的理想生活，已经涵盖了我们人生的两大哲学议题：富足和自由。

富足有两个层面，精神上的和物质上的。要实现精神上的富足，起码要先满足生理上的需要。就像马斯洛的需求层次理论反映的，如果要达到自我实现、自我飞跃的那个最高层次，就需要先满足我们底层生理上的和安全上的基础需求。

小时候看教科书上的孔乙己，每天衣衫褴褛、咬文嚼字，靠茴香豆充饥，我心里第一感觉不是佩服，而是寒酸。满口之乎者也不见得高贵。相反，我认为能够穿上得体的衣服，吃上营养可口的饭菜，把自己照顾好，才是一种能力。

而自由是什么呢？

简单来说，自由就是不受他人的控制，按照自己喜欢的方式生活。看起来很简单，只要我们能够摆脱得了他人的控制，突破环境的限制，就能实现自由。

那么为什么还是有很多人都做不到呢？好比我的来访者 K，她就感觉很不自由。她一周要工作六天，下班回来还要监督孩子写作业，别说和老公散步看电影了，连泡个澡的时间都没有。

她家境富裕，住着很大的房子，夫妻二人都开着高档的汽车。但是她的生活体验却是这样的："我每天都是带着焦虑醒来的，总感觉背后有个鞭子，在一鞭一鞭抽打我，让我不敢懈怠。"

"所以啊，光有钱，生活好像也不够理想啊！"我提醒她。

她回答："是的，我现在买东西的确不需要考虑价钱，但是矛盾的是，我没有时间享受啊！"

我们谈到了一个词，叫作“平衡”。

就像我和那个朋友。我小时候有很多时间去上山下水，但还是觉得不幸福，因为一到夏天我就会起一身的痱子，到了冬天风湿会发作；而我的朋友就不用受这些身体上的苦，但是心里又有很多愤怒和委屈，因为她太缺乏自己的时间。

我们两个人，一个是身体上不自由，体验不到高品质的物质生活；另一个是时间上不自由，无法按照自己的意愿去学习和作息。

所以，我得出一个结论，真正理想的生活，可以一言以概之：有点钱，还有点闲。

自己赚钱购买想要的生活

什么是有点钱？

我在十年前特别羡慕一类人，那就是不用工作，每天花着老公的钱，吃穿不愁的女人。她们不必面对工作的压力，不必被老板挑剔，还不必担心明天的柴米油盐，多好啊！

正是因为有这种羡慕，我也曾经辞职在家待了几年，心安理得地做起了全职太太。我每天早起做饭，去图书馆看书，然后每月去银行把先生做生意盈余的收入存起来，再留一部分买自己喜欢的东西。

我曾经很满意这样的生活。

直到有一次，我和一个闺密吃饭。我们曾经是一个公司的同事，当时两人都只拿几千块的薪水，但每当发了工资还是会凑在一起吃一顿好的。后来我辞职了，她还在岗位上坚守。

我们约在闹市区的一家西餐厅吃饭，原计划是我请客。那段时间我老公的生意很好，收入也不错，在经济方面给了我很大的空间。

我点了几个不错的菜，席间听她聊了很多单位里的事情，我也简单介绍了自己的家庭生活。两人酒足饭饱后，我把服务员叫到跟前，正要掏钱包，朋友抢先一步把现金给出去。我试图让她收回去，然而她说了一句话，让我迅速收回了手。我当时感觉到身体有种莫名的无力感。

她说："别和我抢，我每月有工资啊。"所以啊，在朋友眼里，我老公的钱并不是我的，尽管她口袋里的钱比我少，但是她仍旧觉得这顿饭应该她请。

我当时为之一振，也是从那天起，我开始改变我的价值观：从心安理得地把老公的钱当成自己的钱转变为我要想办法真正拥有自己的钱。

有意思的是，就在我开展了自由职业，经济上自给自足的第二年，我再次请这个朋友吃饭。一见面，她就调侃地说："听说你最近发展不错啊，我今天单纯是来蹭饭的。"

我知道她表面是在拿我打趣，实际上是为我高兴。因为我口袋里的钱，真的是完全属于我自己的。

我小时候对理想生活的设想是要有一定的钱，让自己的生活更加舒适和温暖，此后我把这个“一定的钱”改为“自己的钱”。

这个改变不单纯来自朋友的良言，更来自我对身边人的观察，以及来访者的案例。那些我曾经羡慕的全职太太，表面上风光无限，但是在她们富足的表象下是存在危机的。比如有个来访者在过了两年富太太生活后，突然遭遇变故——老公做生意破产，不仅给不了她钱，还要她一起偿还债务。这对于曾经准备享一辈子福的她来说，无疑是晴天霹雳。

她后来感叹，无论是谁给你钱，那都是暂时的，唯有自己的才是可靠和永久的。

还有个来访者的丈夫，最开始信誓旦旦地对老婆说要养她一辈子，不让她受一点委屈，但不出五年，就嫌弃她身材走样，没有内涵，然后移情别恋在外面养起了小三。

所以，如果实现我们的理想生活要先建设物质基础，那么，这个物质基础能够由自己去建设才是完美的。

云南有一名女子中学的校长在2020年火了，因为校长公然拒绝接受一名曾经的女学生给母校的捐款。理由是：“你做了全职太太，我不要你的钱。”

这名校长很早就向学生传达了这样的价值观：女孩子一定要独立，要坚持工作，不要依靠男人生活。

虽然校长把这个学生拒之门外的举动有点极端，但是大部分网友都认同她的观点。女性一定要自立，虽然一时因为家庭需要辞职回家，但绝不能终身依傍丈夫来生活。

所以，实现理想生活的第一步就是，无论你从事什么职业，最好是用自己赚的钱去创造自己喜欢的生活，如此才能既实现经济上的富足感，又能维护内心的安全感，一举两得。

留一点空闲的时间给自己

那么，如何去获得那一点闲呢？

我特别认同一点，即努力工作就是为了过更好的生活。工作固然重要，但不能成为生活的全部。

很多参加我的课程和读书会的女读者，经常到半夜才有空闲给我留言。虽然收入比较高，但遗憾的是，她们缺少时间去享受这些财富。

报名参加课程的意图是成长和学习，到头来却进一步压榨了自己所剩不多的休息时间，甚至还牺牲了睡眠，这就得不偿失了。

我还有个来访者，她来咨询的目的是改善拖延的情况。我让她列出自己一周的工作内容，才发现她哪里是有拖延症，而是任务多得做不过来。她不光有正式工作，还有周末兼职，另外还在外面报了培训班。

所以我问她：“你已经全年无休了，还希望让自己‘快’到什么程度呢？"

她说："我希望自己能每天准时完成工作，早点睡觉。"

我提示她，"你这么拼命地做两份工作，每月收入也不少，但是现在没有时间慢慢地吃一顿饭，没有时间好好去旅行，甚至连一天七个小时睡眠都保证不了，那你工作的意义是什么呢？"

她这才意识到自己的问题其实不在拖延，而是工作把生活的时间都占据了。这导致她每天都处在紧张的状态下，进而失去效率，引发焦虑失眠。

后来她对工作进行了取舍，把周末的兼职辞掉了，只留周六半天去学习，将另外一天半时间用来随心所欲地生活。

没多久她就发来消息说，她现在每天工作效率高多了，晚上不再需要加班，可以准时休息，而且周末的课程吸收得也很快。因为不必赶着去做兼职，所以有时间和同学一起喝喝咖啡，看看电影。最近她还邂逅一个不错的男生，对方看起来是个值得交往的对象。

我打趣说她仅仅通过一点点梳理，人生就即将到达巅峰状态。她说："现在才发现，休息和工作真的是相得益彰啊！"

曾经有个复旦大学女教授在三十一岁那年因癌症英年早逝。她在生前就后悔自己太拼命了，读书的时候没日没夜，毕业后玩命地工作，多年来没有哪天是在十二点以前睡觉的。身体长期处于一种高消耗的状态，最终积劳成疾去世了。

所以，给自己留一些空闲时间是非常有意义的。

第一，让自己充足休息。

我曾听一个中医说，去他那里问诊的人都不是闲人，而是忙人。他们会忙到连吃饭、睡觉都混乱无序的地步，尤其是女性，因为长期透支身体导致内分泌紊乱、早衰甚至更年期提前的大有人在。

那些身体健康的人，并非养生达人，而是在工作和生活之间掌握了平衡。那个中医说："工作需要认真负责，但不要拼命。古话说，日出而作，日落而息。这就是我们休养生息要遵循的规律。"

第二，让自己真正去体验生活。

白岩松曾在一次演讲里说过一句引起轰动的话："要舍得让孩子做一些无用的事，而不要把他们培养为只会做题的机器。"所谓无用的事，其实就是能够滋养我们身体和心灵的事情。

比如，我有个朋友喜欢做手工。她是理科生，做的是金融方面的工作，但是很喜欢饰品和十字绣。她老公说，当她疲累，或者情绪不佳时，就去她的书房找她，她一准就在那里做手工。

每次当她沉浸在书房做手工时，她的身体就能得到休息，情绪也能得到放松。她把这个习惯视为自己身心得以休憩的良方，在内心为自己筑起了一道守护安宁的篱笆。

所以，休息不仅仅是睡觉，更大的意义在于，去找到可以让自己真正得到宁静和放松的某个兴趣爱好。只要你投身其中，仿佛世界就瞬间平和宁静。

第三，让自己去拓展社交。

有调查显示，女性寿命之所以比男性的长，是因为女性会通过倾诉来释放压力。可能你会说，那我在单位里也可以和同事说话。但是据社会学家研究发现，同事之间是存在某种程度的竞争关系的，所以同事很难成为知己。

因此，我们需要花时间去拓展工作以外的关系，也需要时间去维护这些关系。在这个过程里，我们就是在进行高品质的社交。当你有了负面情绪、需要帮助的时候，这些朋友就会成为你的软枕头、避风港。

第四，留一些时间给自己的家人。

家是我们的港湾，也是我们的后盾。如果你是单身，那你可以定期去陪伴父母，哪怕只是通过视频静静地听他们诉说；如果你结婚并有了孩子，那你需要花时间去和爱人互动，以及陪伴孩子。

这个过程里你不是在单方面付出，而是在给你家庭的情感账户充值，让家里所有人都在你的影响下，学会感受爱、付出爱，从而使整个家庭充满爱。最终，你自己会从这股爱的洪流里，得到归属感，并感到富足。

因此，如果你的生活正处于某种混乱状态，或者你对当下的生活不满意，那你可以根据这个思路去调整。为自己挣点钱，给自己留点闲，你的人生就会比较甜。

第四部分

精进，把命运掌握在自己手上

知道自己想要什么的人，人生已经成功了一半

我听过一个说法：生活不如意的人，正是没有目标的人。我非常赞同。

我有个来访者做全职太太已经十年了，最近两年觉得自己和身边人的差距越来越大，有意向要出来工作。但是苦于自己十年的空白工作经历，加上身边又没有可以推荐的人，所以她来咨询，想寻找方向。

咨询开始，我们就以下三个方向进行了探索，试图帮她找到最匹配的职业：过往工作经历、感兴趣的职业、身上已经具备的技能。

她过去是个会计，但是因为十年没有工作，会计证已经作废，而且她感兴趣的学科也不是会计，而是心理学。再看她身上的技能，她说："我真的没有技能……看来我还是不能出去工作。"

我们的沟通还不到十分钟，她就想要放弃。我开玩笑地说："你再给我五十分钟可以吗？"

她笑了。

然后我问她，在这十年间有没有找过工作，这个过程是怎么样的？

她叽里呱啦开始讲起："我五年前开过店，其实一开始就知道自己并不擅长做生意，果不其然，后来亏本关门了；三年前做过一次文员，但是公司离家太远，工资也很低，有时候还要加班整理资料，所以做了一个月就不做了；最近一次，是去亲戚家工厂做出纳，他们一周才休息一天，我要照顾女儿啊，所以这工作也不适合我……"

说完她红着脸说："老师，你会不会觉得我很矫情，很容易放弃？"

我说："我倒是觉得这些经历是很好的。它们可以帮你理清楚，如果出去工作，哪些工作是不适合的，然后再看看，哪些工作是你真正想做又可以做到的。"

找到了想要的，你就能走上通往成功的康庄大路。

比如有个男士来咨询，他说："老师，我工作七八年了，交了首付买了间小房子，也买了一辆车，可我想找个满意的女朋友结婚怎么就这么难呢？"

我让他把过去的感情经历都复述一遍，从中我会知道他找女朋友到底有什么偏好和目标。

结果不出所料，他是为了找女朋友而找女朋友的。高矮胖瘦全都找过，农村的找过城市的也找过，结果他总是觉得差点意思，相处不久就分手了。

他很纳闷："我父母的婚姻挺好的啊，为什么我就不能拥有好的婚姻呢？"

我说："那你有没有按照你父母婚姻的模板去找呢？或者你心里有关于理想的婚姻的画像吗？"

他摇头："我觉得缘分来了就对了啊。"

我告诉他："所谓对的缘分，所谓怦然心动、非她不可的那种感觉，其实不是偶然的，是可以制造的。"

日本有本书叫作《未来蓝图》，它是以未来为导向，来引导当下人们的生活的。就好比有个人想要一年挣到一百万，那么他不能光是在那里空想，还要有计划、有目标地去设想：假设已经获得了一百万，那么我最有可能是因为做了什么而实现的。

在这句话背后，继续发散整理思维：我在做这些事之前，都做了哪些准备工作？拥有了哪些技能？又是如何拥有那些技能的？甚至于，我到底是花了多少时间、交了多少学费来精进那些技能的？

像这样用倒叙的方式，让头脑和身体相结合，去"构造"一个可以"看见"的未来。那这个未来就会变得触手可及。

心理学的焦点解决短期治疗方法中有一个很好用的工具，那就是"魔法棒"。

比如，有个女孩厌学的同时还恐惧社交，已经在家里闭门不出三个月，而她内心其实是很渴望走出去的，只是在行动上做不到。

咨询师在和她建立了联系之后，问她："假设你明天起来，有人送给你一根魔法棒，这根魔法棒一挥，你就能够很自然地走出家门，去上学。那你想想看，到底发生了什么呢？是什么让这根魔法棒产生了效果呢？"

女孩先是眼睛一亮，随后静静思考后说："我估计我是先和几个同学联系过了，发现他们并没有嫌弃我，对我很友好，然后我到楼下去倒了垃圾。慢慢地，我接受了同学的邀请，去看了一场电影。之后，老师来我家家访，我也能坐在客厅和她交谈……"

女孩说完，咨询师立即表达出惊讶和欣赏："你说出了好多你可以做的，而且是循序渐进的，现在感觉怎么样？"

女孩回答："我觉得好神奇，发现身体轻松了一些，决定晚上给同学打个电话。"

这就是诱导一个人在看到未来的某种可能性后，把他的内在动力激发出来的过程。

因此，无论你是找工作，还是找伴侣，或是要变得更加自信，都可以先锚定一个更加具体的目标，然后让这个目标来指引你做出匹配的计划。

这个过程是：

第一步，确定自己到底想要什么。

有个哲学家说："我发现，成功者和失败者的区别在于成功的人始终知道自己要的是什么，而失败的人却看不到自己的目标。"

回到有关那位曾经做了十年全职太太的女性的话题上，她十年间尝试过三种职业，分别是服装店老板、文员、出纳。结果发现，这三种职业都不是自己喜欢的。

那么她到底想要什么呢？

我让她说出五个形容词来形容自己喜欢的工作，她分别给出：分享、助人、弹性时间、受人尊敬、快乐。

我们循着这几个形容词，得到了一个答案：讲师，或者心理咨询师。

她豁然开朗："是啊，我真的想做这个，而且还考过几个证书，比如 OH 卡牌心理指导师证。我还做过几次小型分享呢。"在这之前，她并没有提过这个经历。

至于那个始终找不到结婚对象的男孩，我是这样引导他的：

你设想一下你婚后五年的生活状态是什么样子的？

假设你们结婚五年了，还是很恩爱，那证明你太太是个什么样的人？

她的外形是什么样子的？

她做什么工作？

她有什么兴趣爱好？

我问了他五个问题，每一个问题都在让他的"伴侣"画像变得更加地清晰。后来他干脆拿起笔记本画了起来，画中是一家三口，太太是老师，平时在小学教书，回到家耐心地陪伴孩子……他们结婚五年，依旧琴瑟和谐，日子幸福美满……

男孩说完，激动得差点流下眼泪。

第二步，搜集身上已经拥有的资源。

既然你已经有了一个目标画像，那可以开始搜集一下身上有哪些与之匹配的资源。这样做的好处是，可以增强你的信心。

比如那个女来访者，她就找到了自己的资源：我学习过心理学上的几个工具，而且对其中一个特别地有感觉，老师还夸奖我学得好。

那个男孩子说：我有几个同事的老婆就是小学老师，我可以更方便地了解她们的工作性质和作息时间，而且可以通过同事，认识更多的小学老师。

这样去思考以后，你会觉得自己好像离目标更近了一步，再也不会像之前那样漫无目的，每天都聚焦在不喜欢做的事情或者失败的经历上面。那些会使你越来越感到挫败。

第三步，确定实现目标的具体期限。

无论是找对象，还是找工作，或者是成为某个领域的行家，只是有目标还不够，还得有实现目标的具体时间。

比如，两个月内找到工作，半年内找到那个与自己琴瑟和谐的小学老师，一年内把收入提高二十万……

有了时间的约束，就会有压力，而适当的压力会激发出动力。

第四步，找到令“魔法棒”起效的可行性方案。

我在一次萨提亚课程里做过一个冥想训练——与未来的自己对话。老师引导说：“如果你理想中的那个自己站在面前，且实现了你想实现的目标，你可以问问她——你是怎么做到的呢？然后你听听她会如何回答。”

我也引导我的来访者做这个内在探索，让未来那个已经“成功”的自己来告诉当下的自己该怎么做。

于是他们都快速找到了三条以上具有可行性的行动计划，并且纷纷茅塞顿开：“计划怎么这么简单，而且成功的概率几乎是百分之百，为什么我以前就是想不到呢？”

我回答他们：“因为你之前根本就不知道自己到底要什么，又如何去找方案？”

因此，如果你希望过一个不同版本的人生，比如事业更成功、感情更牢固，或有翻倍的收入，那我建议你先拿起笔，在纸上描绘出一个有关未来人生的图景，然后再根据图景的引导，去制订你的行动计划。当你按照计划去行动时会发现，未来会在某一天跃然眼前，你的人生版本已升级成功。

“愉快”才是最强的生产力

啰唆是无效的教育

做亲子咨询的时候有个常见的现象：妈妈紧紧地挨着孩子坐，每次我问孩子问题，孩子还来不及思考，妈妈就说了一大堆的话。这时候我会给妈妈做一个手势，暗示她停下来，让孩子慢慢说。

妈妈们常常私底下问我：“老师，怎么才能让孩子懂事点、听话点啊？”

我通常会说：“你少说一点，就好了。”

无奈的是，对很多妈妈来说，这是难以做到的。因为她们太焦虑了，而她们释放焦虑的方式就是不断地说话，不断地提醒孩子要这样、不要那样。

有一次我去一家馄饨店吃早餐，和我拼桌的母亲唠叨的程度，真是令我都想尽快逃离。

她的孩子十来岁，身材微胖，无精打采。这母亲倒是眉毛挑得老高，一副“打满鸡血”的模样。

起先还挺安静，但从孩子的筷子放进馄饨碗里开始，这位母亲就像小马达开动一样，嘴里跑起火车来：“儿子，昨天老师说了，你上课发言不太积极，今天记得要改正啊。不懂的就举手问，懂的更要举手回答。”

儿子说：“知道了。”

母亲又说：“你上次数学小测验因为粗心丢了几分，今天测验的时候，一定要记得检查啊。不检查两遍，不要交卷子。”

儿子：“知道了。”

母亲还说：“你的铅笔还有几支没有削，你记得到了教室里赶紧削好，否则就影响书写了。”

儿子：“知道了。”

母亲接着说：“你一直都说你知道了，你到底听见我说话没有啊？”

儿子：“你今天已经说了九遍了，你说我听到了没有？！”

我被孩子高分贝的音量震撼到了，抬眼一看，发现这孩子完全没有一个少年该有的朝气。他虽然还处于青春期，但已呈现出一副更年期已经提前到来的颓废模样，让我不由得打了个冷战。

著名作家刘震云提到亲子教育方式时，直言不讳地表示自己非常反感唠叨式教育。他说一切的唠叨重复都是父母发泄焦虑以及转嫁责任的表现，反反复复地叮嘱不是在促进孩子的进步和独立，而是在消磨他们的生命活力。

再回到有关这个母亲的话题上，孩子都十岁了，她还当他是白痴似的。各种嘱咐和唠叨，让孩子连口安生饭都吃不好。她不知道这轻则会影响孩子消化，重则会破坏孩子整个身心健康吗？试想哪个孩子不是从第一天入学就知道要举手发言，要检查作业，笔钝了要把它削尖了再写？

不干涉别人，是对自己的尊重

多年前我先生刚上路开车的时候，我是紧张多过兴奋的。因为他那时候刚拿到驾照，是真正的新手，但是上海的路况大家都知道，几乎都是十字交叉路，四面来车，车流量很大。

我每次坐他的车都替他捏一把汗，他一提速我就鬼叫："不能快啊，马上就要撞车啦。"他一变道，我更发慌："这样穿插很危险啊。"遇到别人斜插进来，我马上说："你让他嘛，让一让安全一点。"

刚开始几次，他因为精神高度集中而无暇回应我，但是有一次，我在他变道后又嚷着说危险，他憋不住朝我喊了一声："下车，你来开。"

这五个字顿时把我给噎住了，因为我不会开车啊。"要不自己来，要不闭上嘴"——多简单粗暴的道理啊，我怎么就不懂呢？

从此以后，我换了一种对自己极其不负责任的态度：一上车就将自己的命托付给他，把眼睛和嘴巴都闭上。这样做最初有点像冒险，有时候就像潜在海底的老龟，不敢面对眼前的场景，每次下车都有捞回一条命的感觉。

但后来，当我放下防备和紧张的心态，才发现是自己过度紧张以及不信任他。自从我闭嘴后，他每次都开得挺稳的。我原来愚蠢地以为他开快车是对我生命的不负责，却荒唐地忽略了方向盘上还拴着他自己的一条命呢。

此后，他还送给我一句话："不干涉别人，是对自己的尊重。"我将其奉为金句，每当想对别人指手画脚的时候，都会拿这句话来约束自己。

情绪对于健康的作用力，比环境更大

亲戚家的孩子，两三岁时得了哮喘。这个病一般会随着孩子的年龄增长而日渐减轻，到青春期基本就会自愈。亲戚家条件很好，四个老人又都健在，全家上下所有人的关注点全在孩子的身上。

可是，疾病这个东西，并不会因为你们人多力量大就怕你、不来骚扰你。相反，过多的担心和焦虑，反而成了一种无形的引力，让孩子的哮喘发作得更加频繁。

与之匹配的是，家里紧张的气氛。四个老人如履薄冰地伺候着小孩，小孩的母亲更是经常夜不能寐，担心孩子半夜哮喘发作。在这样的环境中，孩子的情绪怎么样呢？据说孩子听了家人催眠似的叮嘱后，对环境充满了恐惧和敌意。他认为外面的一切都有细菌，都有可能是导致哮喘发作的元凶，因此处处小心，拘谨得不像个孩子。

几年下来，该看的专家都看遍了，该做的努力也都做了，哮喘还是成了家里的常客，动不动就过来骚扰一下。最后全家人做了一个一劳永逸的决定 —— 移民去空气好的国家。

听说移民后孩子的哮喘真的神奇般地自愈了，全家人终于松了一口气，能睡得安稳了。我看到过那孩子的照片，他在草丛里打滚，在果园里奔跑，做了很多过去只敢看不敢做的事情。他那自如的神态，和从前拘谨的模样完全判若两人。

亲戚说这完全归功于那边的好空气。我不否认，但也不完全认同。与其说是空气救了孩子，不如说是全家在好空气面前放下戒备的心理救了孩子。

在所有的关系里，啰唆和干涉都是一种折损；在所有生命面前，焦虑和恐惧都是健康的敌人。

要想做得好，先要情绪好

以前看过一部短篇小说，但我忘记了名字。小说的故事情节是围绕一个贫穷的男人收养了一条流浪狗展开的。虽然每天伙食很差，住的房子还经常漏雨，但是他性格十分豁达，而且有个爱好——吹笛子。

他每天去工地干完苦力，都会将工友们吃剩的饭菜打包回来给狗吃。接下来的场景是这样的：他吹笛子消遣解乏，狗呢，则听着笛声美滋滋地吃着剩饭。

有一天，一个邻居来了，说："这狗给我吧，你看看你连自己都养不活，还怎么养狗啊？"他说："不要，我除了剩饭，还有其他东西可以养活他。"狗似懂非懂地看着他，日日吃着粗食，听着笛声。没想到一个月过去，狗的毛变得油光锃亮，身体也长了膘。

邻居看见后，感到万分神奇："小伙了，你这房子风水很好嘛！就你这条件，居然能将这狗养得这么健康！"

男人说："因为我有法宝啊。一个是快乐，一个是笛声。"这同，趴在地上的狗突然撒欢似的跳了起来，朝邻居看了一眼，又朝主人乖顺地点了点头，像是在应和主人："我喜欢享受这快乐，喜欢这笛声！"

狗且如此，何况人呢？心理学上有个金句：要想做得好，先要情绪好。

前几年，有朋友看我专职写文章，就将我推荐到一家癌症筛查机构去写文案。我知道朋友是好意，想让我多挣点碎银子。但是我一下笔就遇到了阻力：一来我对他们这个行业知之甚少；二来他们需要的不是一个真正的原创作者，而是一个文字搬运工——把有关癌症预防和筛查的知识整理出来并拼满一张宣传单页。

还有个重点，即他们只向我交代了要求，却丝毫没有提及费用问题。

出于不想辜负朋友的好意，我还是埋头苦干了五天，找齐了各种专业资料，完成了四页纸的编辑和整理。

然而，那家公司竟然没有给我任何的回应。也就是说，我五天的工作都白干了。

这件事给了我以下启发：做自己感兴趣且擅长的事；敢于拒绝他人的邀请，哪怕对方是出于好意；一旦合作，就要争取合理的回报。

现在我再也没有这样的苦恼，因为我严格践行了以上三条原则。过去我的情绪经常会受到环境和他人的影响，我认为自己是没有对现状的掌控权的。而今发现，只要我们知道自己喜欢的到底是什么，就可以温和而坚定地去拒绝不符合我们喜好的邀请，从而可以专心致志，又心情愉悦地耕耘自己的人生。

综上，如果我们想让孩子更加优秀，想要和伴侣和谐共处，希望自己的工作顺利且有成就，那首先要戒除无用的唠叨，其次要放下不必要的恐惧，最后还要对一些不适合自己的邀请或者建议说“不”。这个过程，就是清理坏情绪、收获从容自我的过程。

这种好情绪，就是创造一切的高效的生产力。

有一种自由，来自“我不害怕被别人评价”

一种“评价焦虑症”，正在吞噬我们的好情绪

复旦大学有一位很红的哲学老师叫作陈果，她说过一段关于“真正的自信”的话，大意是：“别人评价我很好，很漂亮，很有水平，我并不会因此沾沾自喜。反过来，如果有人评价我‘你这个人很糟糕，很难看，水平很低’，我也不会因此羞愧难过。为什么呢？因为我对于自己已经有了一套稳定的评价系统，能充分地信任自己，知道自己的优势是什么，也知道自己的劣势在哪里。我可以全盘接纳自己，这就是真正的自信。”

但很多人往往做不到这点，他们会跟随他人的评价来衡量自己的价值，因此心情忽好忽坏，难以平衡和稳定。我的一个好朋友 S 就是典型，她简直是甘愿“活在他人的嘴里”的人。

比如她早上在朋友圈发了一条信息，说是在哪里学习。正

好这条消息被我看见，我就给她点了赞。然而，一刻钟后这条信息就不见了。到了中午，我看手机才发现她给我发过消息，但是又撤回了。

我很纳闷，就问她："发生了什么事吗？你看起来有点紧张啊。"

S 说："我在外地学习，本来想分享一下这里的风景，但又担心一些人会觉得我晒图是在炫耀自己，所以就删了。因为看见你给我点了赞，于是我想向你道歉的，但又怕影响你工作，所以撤回了。"

我听了哭笑不得，她是有多在意他人的看法，才会这么纠结和恐惧呢？

我知道这就是 S 的风格。因为童年里父母给予的肯定太少、打击太多，所以她特别害怕他人的评价，害怕别人告诉她："你是不好的。"

因此，哪怕买了新衣服，她都不敢穿；有了开心的事情，也不敢在朋友圈分享。也正因为种种畏惧，令她充满无力感。

我们知道人都会有焦虑的时候，却不知道有一种焦虑仅仅是因为惧怕他人的评价而产生的。

这种焦虑是由某种负性思维成瘾而引起的，指我们将自己围困在一个思维维度里，比如"人家怎么看我啊""人家会不会接受我啊""人家会不会笑话我啊"等等。当我们带着焦虑发问时，答案基本是负面的。

我们如果认为他人会不喜欢自己、笑话自己、不接受自己，就会进入另一种情绪反应——紧张、害怕、失落、沮丧……

曾在一本书里看到这样一个案例，说一个女生因为脸上突然多了一颗痣都不敢去上学，咨询师问她：“你在担心什么呢？”

女孩说：“我们班是优秀班集体，我长了一颗这么难看的痣，会影响我们班的集体形象的！”

咨询师问：“那你每天在家里干什么呢？”

女孩回答：“我在想如果我去学校，他们会如何议论我。”

咨询师告诉她：“孩子，也许大家都在忙着备考、学习，根本没有时间来关注你新长的那颗痣呢。就算你的痣被发现了，它又不是炸弹，不会影响你们整个班级的形象的。”言下之意就是你不要过于“重视”自己，你的痣除了让你自己觉得新鲜，对他人而言真的不重要。

女孩半信半疑地去了学校，结果一切如常。同学们非但没有议论她，甚至没有人会比之前多看她几眼。女孩因此释怀，并接纳了自己的那颗痣。

把童年缺失的关注找回来

心理学家说，童年中，当一个孩子在家庭里被忽视、被冷落的时候，他会认为自己是不重要的，是得不到父母殷切关注的，所以会非常沮丧和失落。

于是，这就成了他人生中一个很大的缺失。为了弥补这个缺失，他无论长到多大，都会持有一个目标，那就是获得他人的关注和认可。

看过一个电影，讲述的是一个家庭有三个儿女，老大从小白白净净、聪明伶俐，深得父母欢心；老二虽然瘦瘦小小，但是学习能力强，经常被老师表扬，也成了父母手心里的宝；唯有老三，从出生就有点缺陷——眼睛一大一小，眉毛也明显一高一低。

虽然父母口头安慰她没事，但她却还是感觉到自己不如哥哥姐姐，所以非常自卑。她应对自卑的方式是，通过一些夸张的行为来吸引别人的注意力，比如把头发染成红色，穿超短裙，或者打几个耳洞。

她以为只要别人注意她，就等于喜欢她。后来她才发现，很多人说她是怪物、“太妹”，连她的父母都说：“你再这样不正常下去，就不要回家了。”

后来这个女孩就抑郁了。

《被讨厌的勇气》一书的作者岸见一郎说：“你内在没有的东西，他人是给不了的。你内在有的东西，他人也拿不走。”

只要我们拿他人（哪怕是父母）的评价来度量自己，我们的自我空间就会缩小，内在的力量就会被那个假想的“他人”夺走，人生将再无自由和幸福可言。

如何自如地活在人群里

我们都知道，人类和动物的区别是人是有复杂情感的，而且人是不能完全脱离群体而生存的。

正因为大到生存状态，小到生活琐事，都与他人有着千丝万缕的关系，所以很多人会放大他人的重要性，或者放大自己对于他人的影响力。

紧接着，他们就开始沮丧和焦虑。

心理学家说，不能正确面对他人的评价，以及不能在群体中自如展示自己的人，其实内在都有同一个声音：“我不够好。”

当这个“我不够好”成为一种信念，他们就会开始焦虑，要么刻意去争取更多积极的评价，如那个自卑的老三；要么就像我那个朋友 S，不断放大他人对自己的负面性评价的影响，导致负性思维成瘾，经常感到惶惶不可终日。

那么，如何才能更换频道，让自己自如地活在人群里呢？

心理学家李子勋说过，父母要让孩子获得健康自信，其实只要给他们三个假设就够了。对于成年人来说，他们也可以借由这三个假设破除 “我不够好” 的信念，过更加轻松自在的人生。

第一，假设自己足够好。

佛家说，人本自具足。没有哪个人生来是不够好的，所以要想轻松面对他人的眼光和评价，以及放下对 “群体” 的畏惧，首先是要改变那个“我不够好”的信念，认定自己已经足够好。

要知道，世界就是我们的投射。如果你认可自己，他人就会在你的影响下，同样认可你。

第二，假设所有人的眼光都是充满善意的。

在我的理解中，世界上只有两种人，一种是有能力直接表达自己的善意的人，另一种是暂时没有能力表达自己的善意的人。小时候我也很在乎别人的评价，因为我长得又黑又瘦，高额头、大圆脸，而且眼睛又小。

记得有一次有个同学叫我“小眼睛，小眼睛”，我马上将其解读为他在嘲笑我。于是我恼羞成怒，本能地回击他：“你还是小短腿呢！”

男同学倒是没有生气，后来给我写了个道歉纸条：“你生气啦？对不起，我其实是开玩笑的，只是觉得你笑起来眼睛很可爱，所以就高兴地说出来了。”

我这才知道，是我误解他了。当我们在意别人的评价时，很容易产生这样的误解。只要对方不是直接明了地表扬我们美、能干、聪明，我们就会通通直接理解为对方是在讥讽和嘲笑自己，因此失去了心灵的自由。

当然，你或许会说，我们身边的确有人会嘲笑别人啊，那怎么理解和应对呢？

这种情况当然有，比如我的一个朋友就被她的同桌当众羞辱，说她仗着家里有钱，在学校里耀武扬威，摆出一副高贵的公主样子，但其实是个草包。

非常可贵的是，朋友内心非常强大，她非但没有因此暴跳如雷、羞愧难当，反过来还关切地问那个同桌：“你怎么啦？你是受什么打击了吗？需要我帮助就说。”

这个镇定的回应，令在场所有人都惊呆了。同桌瞬间泪崩，对她说出了自己攻击她的原因：“因为我妈妈经常拿你和我做对比，说我哪里都不如你，我太难过了，所以就偷偷地恨你。”

以此可以看出，一个人如果去攻击另一个人，不是说明他有多厉害；相反，是他受到伤害，内心没有力量的表现。那你还会受到他的影响吗？

所以，没有真正可恶的人，如果你感觉到有人在攻击你、嘲笑你，或许是因为他们不自信，在嫉妒你呢。

第三，假设世界是美好的。

世界上并不缺少美，只是缺少发现美的眼睛。这是我喜欢的一句话。

著有《开启你的高维智慧》的刘丰老师说：“世界就是我们投射出来的。如果我们看到世界不够好，那是因为我们内在的投影源有问题。我们需要做的，是去改变那个投影源，而不是去改造眼前的这个影像。”

所以，假如你以前有一些信念，比如自己是不够优秀的，他人是不够善良的，世界是充满不安全因素的，那不妨进行反转。

首先，我是足够优秀的，无论我的长相、学历、收入如何，都不会影响我的好。

其次，他人也是足够善良的，即使偶尔会说一些不那么顺耳的话，那也只代表他们暂时没有口吐莲花的能力，或者他们自己已经受伤了。

最后，世界也会因为我的存在，变得可信和安全。

如果你这样去进行反转，眼前就会浮现一幅充满微笑、关心、平和、恬静的画面，你的世界就会随之改变。从此你就再也不需要整天期待着别人的肯定和赞美，再也不会轻易因他人一句话而掉入羞愧的泥淖里。

看过有人对贾玲的一个采访，她回忆起自己刚长胖的时候，也曾惧怕他人的评论："我走出去就觉得身后有很多人在指指点点，担心别人议论我的身材，有时候脚都会不由自主地哆嗦起来。后来我发现这样好累，于是决定改变。当有一天我走出去又觉得身后有人看着我的时候，猛然一回头，却见一个阿姨对我说'姑娘，今天风大要多穿一件衣服哦'。"

那一刻她感动不已，而且突然明白，过去那些负面评价全都是自己杜撰的。后来她成功地从他人的眼光里走了出来，不再惧怕任何场合、任何人。

如果你也有类似的经历，或许可以借鉴这个方法，也许会有意想不到的收获。

真正爱自己的人，看起来都很自私

别让不好意思害了你

“爱自己”这三个字大家都耳熟能详，有人理解为：“那我就对自己好一点，不要让自己太累了。”还有人理解为：“我要吃好的穿好的，让自己光鲜亮丽、舒舒服服。”

当然，这些都没有问题，但是如果从心理层面来看，那一定是差点什么的。

比如：尊重自己的需求，守住心理边界；接纳自己和别人的不同，并且放轻松生活；在自己的世界里，把自己放在第一位。

心理边界是什么呢？简单来说，就是每个人给他人设立的规则和底线。

比如，我有个朋友是独身主义者，最讨厌别人问她：“你啥时候结婚啊？你老大不小了，要找对象啦！”听到这个，她会特别反感。问她感情问题，就相当于触犯了她的底线，跨越了她的边界。

还有个朋友，她的孩子个子特别矮，她想尽办法但孩子还是长不高。亲朋好友一见到孩子，就七嘴八舌地说：应该给他吃这个，应该去看那个医生……

有时候她会把这些话当成耳旁风，不予理睬；有时候她会愤然离席，表示抗议。因为亲友们的这种过度关心，其实触犯了她的边界，给她造成了强烈的不适感。

我也是非常理解并支持她的，因为这是爱自己的前提，而一个母亲如果不能爱自己，也就很难给孩子提供恰如其分的爱。

我身边还有个人则是爱自己的反面教材，那就是我的婆婆。以前我以为婆婆是个热心肠的人，特别愿意听别人倾诉。但是有一天下午，我改变了这种看法。

事情是这样的，有一天中午我在婆婆家吃饭，突然来了个阿姨，我看着陌生，她却人来熟，自创话题聊了起来。她们的节奏是她十句，婆婆一句。

直觉告诉我这个人有点问题。

吃好饭我们就各自去忙，婆婆一人留下继续陪聊。

原以为没有主题的闲聊顶多一小时就能结束，没想到两个半小时后我回到餐厅，那人还留在原地。我见婆婆困得不行，就几次打岔，终于把那人请走了。

人家前脚刚走，婆婆就抱怨起来：“这个人真过分，让我午觉都没睡成。”

“我的天，你居然在不情愿的情况下，为她贡献了两个半小时，我实在是佩服。”我说。

婆婆回复：“那有什么办法，我也不能赶她走啊！”

这就是问题的症结：当我们不忍心拒绝别人的时候，就只能伤害自己。

换句话说，你自己都不能保护自己，他人又怎能体贴你、关心你呢？

抱怨别人的背后，其实还是不够爱自己

前段时间看了电影《绿皮书》，电影充分地说明了：如果一个人不爱自己，那会活得多无趣。

这部电影的内容是围绕一位黑人钢琴家和一位白人司机展开的，这样的组合本身就有讽刺的意味。因为在人们的惯性思维里，白人的成就相对黑人的较高，而这里面的黑人，不仅是成就斐然的钢琴家，还是双博士，可谓精英名仕。白人则不仅没有什么文化，还在酒吧里沾染了粗俗的习气，这和黑人的高贵优雅形成强烈的反差。

但越到后来观众越容易发现，这个反差的根源，其实并非两人的文化和习惯，而是两人对世界，以及对自己的理解存在

巨大的差异。

黑人看到白人在车上抽烟和吃东西的时候，表现出反感。他认为人应该正襟危坐、彬彬有礼，人前人后都要遵守礼仪。

而白人认为：人应该活在当下，工作就好好工作，玩就好好玩，吃饭就当是吃最后一顿，应尽情地享用。

起初黑人顶着绅士的光环，不敢越雷池一步。可他发现，往日里他借以护身的绅士范儿在旅途中毫无用处，在遭到抢劫、围攻、意外的时候，唯有白人的拳头和巧嘴，可以救他于水火。

白人说："你那么有钱有地位，干吗要绷着自己啊？你可以更快乐。"

黑人说："你不懂，我再有钱，钢琴弹得再好，也改变不了国家的制度、他人的歧视。"

原以为白人会为此而对政策的不公感到愤恨，然后加倍地理解他。没想到白人通透地说："你不应该去等着别人为你做什么，而是主动为自己做些什么。"

黑人顿悟。在巡演最后一站，当主办方以"此餐厅仅限白人用餐"为由拒绝黑人入内时，白人当场拉起黑人扬长而去："他们不让你吃饭，你就不给他们演出。"

头一次爽约，头一次以其人之道还治其人之身。黑人突然觉得纵使曾经博览群书，也都没有今天上的这一课有意义：保护好自己才是真正爱自己。

是啊，如果一个人连自己都无法保护，那么他是不值得交往的，因为一旦靠近他，你就有侵占和欺负他的嫌疑。

电影里的黑人就是如此，他荣誉等身，却没有一个真正的朋友，也没有完整的家庭。直到白人出现，他才好像从蒙昧中醒来，开始好好地对待自己。

爱自己的人，都有点“小自私”

过去和朋友讨论，什么是真正的“爱自己”呢？有些人说是买很多高档的东西，用物质来滋养自己。

这其实是肤浅的表象认识。真正的爱自己是，我既与世界有着很深的联结，又在人群里设立了自己的明显边界，不让他人来打扰我、侵犯我的生活。

而在这一点上，我的父亲是我的榜样。他凭借两个中心点，不仅活得轻松自在，而且人际关系还处理得特别好。

第一，我很重要。

我曾写过我父亲很悲惨的童年，他被家人忽视、虐待，只读了三个月的书等。按照精神分析的逻辑，他长大以后不得抑郁症就不错了，更遑论活出生命的质量。

可我父亲偏不，在他的一大家子兄弟姐妹里，他属于活得最幸福的，原因是他从来都不会委屈自己。

小时候家里有好吃的，母亲会因为父亲在外地工作辛苦就留给父亲回来吃，我们家逐渐形成了一个约定俗成的规矩：父亲是有特权的，即吃营养品和荤菜的特权。我们几个姐妹受母亲的影响，都不和父亲“抢东西”吃，至今依然如此。

父亲并不贪吃，但遇到自己喜欢的，也当仁不让。是的，比起那些牺牲自我去宠溺孩子的父母，我父亲独树一帜。

第二，我的习惯不能为他人改变。

我父亲在单位养成了睡午觉的习惯，退休后至今保持。哪怕家里来客人，午饭后都必须等待他一小时。当然，等他睡好，他会精神抖擞地来招待大家。

这个习惯一度让我母亲受不了，认为父亲不懂待客之道。父亲也不反驳，仍旧我行我素。

几十年过去，亲朋好友都了解了父亲的习惯，无人进行任何评判。在自己的需求得到满足后，父亲又特别乐于助人。和委曲求全不同的是，父亲对他人所有的帮助都是心甘情愿、不计回报的。他真正达到了爱自己的终极状态——既保持了和他人良好的联结，又守住了自己的边界。

因此，他活出了自由自在的人生。

真正爱自己的人，人生有多赚

曾看过一个报道，内容是关于明星艺人的一些社交习惯。报道里面提到很多明星为了获得更多流量，一方面通过制造新闻博取眼球，另一方面又在各大社交平台上面展示自己生活的方方面面，忙得不亦乐乎。

当然也有例外，比如湖南卫视的当家主持人汪涵。汪涵自称是一个特别不喜欢网络的人，除了至今未开微博，他连微信都用得很少。2019年他还曾自曝把很多娱乐圈大咖的微信都删掉了，只留下节目组同事和家人的微信。这一度让圈内炸开了锅。

为什么呢？因为他爱清静，工作之余就是看书、写字和陪家人。在娱乐圈里，如果你不懂拒绝，即使有心保持清静，也免不了受到他人的叨扰。而汪涵做到了，他告知他人自己的边界在哪里，并且十年如一日对外“立规矩”。因此，他得以在工作之余，给自己留一片净土，以休养生息，让自己保持最好的状态。

我的父亲，儿时营养不良，年轻时体弱多病，中年经历脊椎粉碎性骨折，还曾因足底大动脉破裂进入抢救室。可如今他八十多岁，还能偶尔下地劳作，每天给自己做饭吃。这有赖于他把自己看得足够重要，生病了立即去医院，该住院时决不考虑家里人有没有空陪同。

在他心里，他就是排在世界第一位的。

我们小时候曾被要求做道德的楷模，先他人后自己。从心理学角度来看，其中难免有点委屈和牺牲的成分。

只要存在委屈和牺牲，我们就很容易熬成怨妇或受气包。那么，反之，我更认同另一个逻辑：我好，你好，大家好。

先把自己照顾好，让自己体验到幸福和满足，再把这份幸福和满足传递并分享出去，让其他人也因此受益。久而久之，你的影响力会不断提升，你身边整个环境都将随之变得越来越好。

真正的爱自己，是不论曾经发生过什么，也不论外界如何对待你，你都能守住自己的内心不被影响，并能给他人做示范，活得自由自在、肆意而快乐。

改变易怒体质，我有实用妙招

我对愤怒这种情绪是特别熟悉的，而且多年前一直被它控制着。回想十年前，我发脾气的频率最低是两天一次。这也导致我的肠胃和心脏都出现了问题。

印象深刻的一次是，我到菜市场去买饺子皮，结果人家给我的是馄饨皮。我回到家打开一看，首先是非常惊讶，紧接着胸腔里就像燃起了一团火，就好像看到从馄饨皮里面跳出来一只蟑螂似的。

老公站在旁边问："怎么了？你好像不对劲啊。"

我抑制不住愤怒朝他大吼："你眼睛瞎了吗？我明明要的是饺子皮，他们却给我馄饨皮，我不想做了，烦死了。"

老公原本是要帮我洗芹菜剁肉馅的，结果站在一旁不知所措。后来我直接把肉和馄饨皮都塞进冰箱，饭也没吃，就睡觉去了。

那个阳光明媚的星期天，因为一包馄饨皮而彻底变得“阴沉”了。

再看如今的我呢？别说别人把误馄饨皮当成饺子皮拿给我，就算是把牛肉当成猪肉或者去饭店时上一盘不新鲜的菜给我，我都不会失控发怒的。

因为我学会了去了解愤怒背后的原因，以及会把精力投入到如何解决问题上面。因此，我的情绪变得平和稳定，我的身体也越来越好。

在咨询和讲授课程中，我也经常发现很多人会受到愤怒的困扰。这种情绪不仅会影响他们自身的价值体验，还会影响亲密关系，以及事业的发展。

你为什么容易愤怒？

我曾在我的读者群里讲有关《非暴力沟通》的微课，其中一节就是关于如何表达愤怒的。

过往我们的理解是，表达愤怒是一种自动化的宣泄行为，而在《非暴力沟通》中，愤怒是可以合理表达的。

那么，为什么我们容易愤怒呢？

那是因为我们的某个需求没有得到满足。这句话听起来可能有点陌生，但是拆解后很容易理解。举个例子，我和朋友去一个餐厅吃饭，这个餐厅的菜正好都是朋友喜欢的而不是我喜欢的，加上餐厅的服务水平不是很高，所以我会觉得很不满意，一边埋怨厨师水平差，一边指责服务员没有笑容。

可是，我抬头一看，发现我的朋友正在拿着手机给菜品打五星好评呢。这就是差别，朋友的需求得到了满足而我的却没有，所以我感到愤怒。

放在亲密关系里，如果你希望老公既体贴温柔，又成功多金，而他却做不到，你就会失落，甚至会愤怒。比如，当他忘记了你的生日，或者买不起你看中的房子时。

在职场里，如果你希望老板慧眼识珠，发现你的优势并加以肯定，结果他却做不到，那你肯定也会愤怒。比如，开会的时候，他频频表扬别人，却从来不提及你的贡献。

在亲子关系里，如果你希望孩子出类拔萃，德智体美劳全面发展，那么只要孩子在某一方面表现得不够优秀，你就会怒从中来。

最后，你如果需要一个绝对干净整洁的家，就得让所有人配合你，每天整理打扫，不得乱扔和乱放任何物品；如若不然，你就会生气和指责。诸如此类。

如新生儿吃不到奶时一样，当需求得不到满足时，我们也会用尽浑身解数去影响他人，要求他们为我们负责——无论用任何方式，直到他们能满足我们的需求为止。

这也是萨提亚冰山理论里提到的，为什么我们对别人的行为这么敏感？因为这关系到我们内在的渴望或者需要，这个渴望就好比是个钩子，不断地勾着我们去寻找，甚至索取，最后往往导致关系的僵持乃至破裂，理由是别人不可能满足我们所有需求。

如何理性地表达愤怒？

《非暴力沟通》中讲到，表达愤怒的步骤分为四步。走完这四步，愤怒基本就会消失不见，甚至情感还能得到升华。

第一步，停下来深呼吸。

呼吸是联结自我的最简单方式，而当我们的关注点停留在呼吸上时，愤怒自然就消减了一半。

第二步，倾听他人。

当我们通过深呼吸缓解自己的情绪后，就可以试图聆听对方。

比如有一天早上，我和儿子约好了，他在玩半个小时手机后要去做作业，结果我出了趟门回来发现，四十分钟过去了，他手里还握着手机。我能够感受到我的身体立即紧绷起来，胸腔有一团怒火要蹿上来，但我知道我必须先搞清楚情况。

我先是做了三次深呼吸，然后过去问他："你现在在做什么啊？"

我这句话看似是废话，其实是一个提示，告诉他我回来了，并且我知道他已经超时了。

儿子立即抬起头来告诉我：“妈妈，其实你出门的时候，我就在做手工作业，我的手工作业材料早就被快递员送来了，我做了快二十分钟呢，现在才开始玩手机。”

我松了一口气，如果我没有倾听他，势必会引发一场不必要的风波，并让孩子觉得我是不信任他的，那他也很难尊重我。我仅仅用了一分钟去倾听，就得到了一个让人欣慰的真相，也成功地避免了冲突的发生。

第三步，给自己时间。

当情绪占据了头脑，我们的理智就会跑到九霄云外去。一旦失去理性思考，我们就容易做出过激和不当的行为。所以，当我们对于当下的状况毫无办法的时候，不妨停下来，什么都不做，这在“正面管教”里叫作“积极暂停”。

既然现在行动只会带来伤害，那么我们就暂时不行动。

有一次我和一个编辑合作发表一篇文章，我很认真地找了各种素材，还看了两部相关主题的电影，然后一口气完成了三千字的写作。我满怀憧憬地等待着它们的发表。

结果呢，第二天、第三天，都静悄悄的。编辑既不给我反馈，又不发表文章，我从纳闷慢慢地熬成了愤怒。

我觉得自己的劳动成果好像付诸东流了，那种不被重视、不被理睬的委屈和愤怒就涌了上来。

我觉知这一切后，先问自己：“你感觉受伤了？因为你认为自己很认真地完稿，所以期待他们能重视你的文章，并尽快发表。他们没有及时反馈和发表，你就感觉自己被忽视了，自己的劳动成果不被重视，所以很失落，也很气愤。”

我问完这一段后，感觉身体已经放松了许多。随即我又问自己：“这些都是你猜测的，也许事实并非如此呢？你要不要去证实一下？”

我内心的答案是肯定的。于是，我找到编辑，问他：“不知道上周那篇文章怎么样了呢？”

结果编辑立刻回复：“周周，忘了告诉你了，我们现在发文都是推后一周，所以你的那篇文章正好是明天发呢。”

我一下子松了一口气，同时为自己之前的内心戏感到好笑。

生活中充满了各种误会，是因为我们经常会想当然地把事情的表象当成真相。

当然，假如那篇文章不能如愿发表，或者真的被他们打入了冷宫，我也只会允许自己难过和委屈一小会儿，然后主动去和他们探讨偏差或问题到底出在哪里，再去积极地纠正。

很多时候，我们之所以任由愤怒喷涌而出，是因为太着急。如果能够给自己足够的缓冲时间，也许事情就会出现转机。

第四步，表达感受和需要。

俗话说，事情分轻重缓急。有时候，我们做几次深呼吸就可以回归平静；有些事，停顿几分钟就能想明白。但是，有时做深呼吸或停顿几分钟不仅于事无补，甚至还会让愤怒在心里愈演愈烈。

比如，我年前带孩子去东北旅游，因为北方内外温差大，孩子刚去两天就发烧了。要知道他已经两年没有发过烧，所以我有点担心：一来觉得浪费了旅游时光；二来觉得环境不可控，不知道再在这样冷热交替的环境待下去他的感冒会不会加重。

然而孩子是没有这些顾虑的，当体温降下来以后，他就又想去玩雪。我知道这肯定不行，孩子因此不悦，鼻子发出“哼哼”的声音，以示不满和抗议。

孩子爸爸粗暴地说：“如果再被冻着，你就回不了上海了，因为机场会由于你发高烧把你扣留。”

结果孩子还是无动于衷，我最后向他表达了我的感受和需要：“看到你的脸烧得红扑扑的，我很心疼。当听到你说还想去玩雪时，我更加担心了，担心你再度发烧，担心我们不能顺利地回家过年；所以我希望你好好休息，等身体养好了再出去玩。”

这在萨提亚冰山理论里叫作一致性沟通，既考虑了我和对方的感受，也考虑了情境因素。最终的结果是，在不破坏关系的情况下，达到沟通的双赢目标。

听到我这样平和而清晰的表达，孩子从中感受到了我真切的关心。他自动回到床上休息，并主动喝了一杯温水，说希望自己快快好起来。

有人说，和亲人争吵，即便赢得了战争，也输掉了和平。无论是《非暴力沟通》还是萨提亚冰山理论，都主张我们要为自己的情绪负责，并通过情绪这条线索，找到自己内在的需求，然后去表达或者转化它。

因此，每当你觉得情绪受到他人的影响，或者孩子的某个行为引起你的震怒时，不妨探索一下，他危及了你哪种内在需求和渴望，然后借由这四个步骤来放松以及表达自己。相信我，这一定能够帮助你找到内在的平和，以及让你们的关系更加融洽。

因为在这个过程里，我们既尊重了他人，又表达了自己，没有谁会感到压抑和受伤。

别让自责和愧疚捆绑了你的人生

不知道你身边有没有这样的人：一件事明明和他没有关系，他也会把事情和自己扯上关系。

身边有人愁眉不展，他会怀疑是不是自己哪句话说错了；家里有人生病，他觉得是自己没有照顾好引起的。甚至只要领导在会上批评人，他就会对号入座，认为自己是头号应该承认错误的人。

我们知道适当自省是正常的，但像他们这样过度自省就会很累。因为自省的背后是苛责，当一个人每天都进行自我苛责，那他一定是紧绷而无力的，继而活在消极无望之中。

这样的人就有着自责型人格，他们活在昨天的错误中，也沉溺于对自己的苛责里。浑然不觉如果放下自我攻击后，会活出另一番自在的天地。

我的朋友小溪就有过被自责捆绑的经历。

自责型人格的人的心理逻辑：都是我的错

小溪是我的前同事，她给我的第一印象是勤快，第二印象是喜欢揽责任。

有一次部门开会，领导说上个月业绩下滑，要求大家调整状态迎头赶上。其他人都知道是因为有国庆长假，加上很多同事连着休了年假，导致堆积了很多的工作。小溪的逻辑却不同，她认为是自己发高烧休了一天病假，影响了整个团队的工作进度。

于是在开完会的一周内，小溪每天都是最后一个下班，说是要多做一些工作作为弥补。

甚至，邻桌同事说悄悄话，她也揣测他们在议论自己，继而言行更加谨慎，生怕又得罪了谁。

按理说这样一个处处谨慎的人应该很受欢迎，结果正好相反。正因为她战战兢兢的状态，同事们都不敢靠近她，生怕一不小心又“伤害”了她。

工作上如此，感情上更甚，小溪对男友好到极点。

小溪的收入比男友高，为了减轻男友奔波之苦，她主动租住在男友单位附近，一下班就做起男友的保姆。不仅如此，男友因迟到被扣工资，小溪居然认为那是由自己没给男友设闹钟导致的……有这样无微不至的照顾，男友却迅速移情别恋。原因是：你让我觉得自己是个窝囊废。

而小溪却再度运用自责型逻辑：一定是我做得不够好，所以他才会喜欢上别人。

此后，小溪又在几段无疾而终的恋情中翻滚了好多年。随着各种失败经历的累积，那种配不上、不够好的愧疚感烙印到了她的骨子里。

自责型人格的人，都有个被否定的童年

弗洛伊德说："没有人会无缘无故攻击自己，除非他经历过不断被否定、被攻击的童年。"

小溪出生在一个偏爱男孩的家庭，父母特别重男轻女。

用小溪的话来说，自己的地位连家里的猫都不如。猫还可以经常赖在妈妈怀里撒娇，可自己只有干活和被骂的份儿。

不仅如此，她还是弟弟的保姆。父母只要出门，就会要求她在家里照顾弟弟。如果父母回到家发现弟弟哭过或不舒服，小溪就会遭到训斥甚至打骂。

在这样的环境下长大的小溪，耳边从未响起过欣赏和赞美之声，听到的只有没完没了的否定和指责。起先她会质疑父母的用意：为什么在你们眼里，我就这么不好呢？

但可怕的是，她还没有鼓足质问的勇气，就已经内化了父母的攻击。

长大以后，她仍旧延续了儿时的模式：一边通过拼命地干

活换取存在感；一边频频回头，试图通过修正各种错误来换取内心的安宁。

另外，儿时父母边界不清，让她在很多时候跨越姐姐的角色，做起了弟弟的临时母亲。这导致成人以后，她将这种照顾他人的责任意识，发展到了病态的地步。她大揽狂包、毫无底线，直到把自己掏空了才罢休。

而讽刺的是，正是她这样不求回报地付出，才吓跑了身边的很多人，导致她在各种关系中屡屡受挫。

停止自我攻击，放下做拯救者的执念

在找我聊她的困扰的时候，小溪已经到了严重失眠的地步，像惊弓之鸟一般敏感和脆弱。

我问她发生了什么事情，她说："一切都糟糕透了。"

她自己的肺炎刚刚好，老母亲又生病；儿子在学校和人打架；老公升职没戏，整天在家里唉声叹气……

"我好难过，感觉自己一事无成，什么都没有做好。"小溪又开启了她的自责模式。

我回答说："好在你母亲有你父亲照顾，你认真服药终于把肺炎治好了，你儿子打架没有把人打伤，你老公年底还有一次晋升机会……"

我很平静地描述着这些，小溪眼睛一亮："你觉得我不需要回去照顾我母亲？不需要给学生家长道歉？不需要再做些什么来重振老公的信心？”

“对呀，你不是神，也不是任何人的拯救者。”

那么，她该如何走出自责型的内在模式呢？

第一，放下自恋，回归自我。

自责的人最显著特征是没有分清他人与自我的边界。他们的内在都有个虚胖的自我，而这个虚胖的部分，就是用愧疚和自责来填充的。所以，如果要回归健康的自我，首先要放下对他人无底线负责的执念。

看到过这样一句话，世界上只有三件事：自己的事、他人的事、老天的事。

因此，像小溪这样的人，需要卸下两个负担，将他人的事和老天的事都放在一边。

比如，孩子在学校打架：先和老师沟通事情的原委，再根据情况给孩子相应的引导，而不是不分青红皂白去给学生家长道歉。母亲生病：问清母亲的病情，酌情去探望，而不是一听到生病就恨不得飞到母亲身边待到她痊愈。老公的升职：一方面看他的能力，一方面看老天是否成全。这些都不是小溪能左右结果的。

经过如此开导，小溪慢慢放下了自己无法承担的责任，而把更多的时间用来关注自我。

第二，建立自我肯定的习惯。

不能做自我表扬和自我肯定的人，灵魂都是干枯的。若想让灵魂鲜活起来，最直接的办法是建立自我肯定机制。

我常鼓励我的读者进行每日自我鼓励打卡，从回忆过往光荣历史开始，到记录每日的小成绩，把所有的进步和亮点信息汇总起来。

每天看，每天读，直到在潜意识里固化这些信息：我是优秀的，我是成功的，我是美好的，我是被爱的……

心理学家弗洛姆曾说："每个人都好似一颗种子，而肯定和鼓励就是让种子茁壮成长的空气和水。"因此，一个童年里不被肯定的人，若想获得鲜活的生命，就要学会自己补充阳光和水分。

当阳光照耀，雨水汇成滋润灵魂的溪流时，我们内在湿冷的部分就会变得温暖、舒展，我们的生命才会充满力量。

第三，关注当下。

自责型人格的人习惯活在被错误构建的过去，因此懊悔不已。那么改变的模式就是让自己向前跨一步，并对自己说："今天比昨天更优秀。"

有心理学家做过实验，证明当人把注意力全部集中在当下的事情时，无论是工作还是运动，抑或是简单的睡觉，其效率和质量都会提高，还会有幸福愉悦的感觉。

再见到小溪是一年以后，她的状态让我很意外。她不仅不再像过去那样心神不宁，脸上还有了少见的光泽。

她说："自从持续记录自己的优点后，我变得自信多了。"

除了工作和家庭，她还开辟出了自己的小天地来栽种花草，以及定期和家人去旅游。

当不再需要从别人那里获取价值，她自然也就减少了很多不必要的责任和付出，也更有精力关注自己。

事情就是如此美妙，当她的自我被照顾到，她整个人会变得放松又舒展。在她的积极影响下，周围的一切都在悄然向好的方向发展。

小溪说："关注当下，不自责的感觉真好。"

我想这不仅是她的心得分享，更是送给所有自责者和愧疚者的人生赠言。

你的焦虑、恐惧、强迫……都是由于太追求完美

这两年我一直在举办线上的读书会，每一期为期半年。我的这个读书会与其他人的读书会略有不同，这里面不仅有我个人的分享，伙伴们还会每天进行轮流早读。

早读的名单是大家主动报名后产生的，形式是个人节选书中某个段落进行朗读，再发表一些自己对选定的内容的理解和感受，还有过往践行的经验。

我刚开始让大家在群里做报名接龙的时候，应者寥寥。后来有几个伙伴私信我，道出了他们的顾虑："老师，我也想读，但是很害怕自己读不好，给你丢脸。"

还有个人说："我看我还是当听众吧，因为听我说普通话简直是伤害耳朵。"

我听后一阵心酸，因为这两个人我了解，她们一个是出色的公务员，另一个在大城市的闹市区有自己的几间商铺，并且

经营得风生水起，而且她们每年的阅读量并不比我的少。

她们在自己的下属或员工面前雷厉风行，到了这个虚拟的空间里，却害怕自己做不好。

我回复她们："你们不是做不好，而是在追求完美。如果我告诉你们，只要你们参加就是完美的，你们参加吗？"

她们马上发来欢快的表情说："既然老师这样说，我就安心了，我愿意参加。"

多么巧妙的转折啊，可是太多人陷入对"完美"的执迷追求中，因而整天神经紧绷，甚至憋出病来。

完美是一剂毒药

前几年流行一部主打家庭温情牌的美剧，叫作《我们这一天》，豆瓣评分9.5。我意外地发现，这部剧里面几乎所有人都有完美主义情结，而且都因此受累，甚至患有某些疾病。

首先是两位堪称完美的男人，一位是父亲杰克，一位是其养子兰德。其次是外表和内在气质相得益彰的温柔母亲瑞贝卡。

在杰克的原生家庭里，父亲从来都看不起他，母亲也漠视他，并且动不动就嘲笑他是个游手好闲、没有事业心的窝囊废。

事实上，杰克是一个积极上进的人，只是没有机会让父母看到这一点而已。于是，在他成家有了孩子以后，他极力做得完美。这或许是在试图超越过去的自己，也或许是希望通过自己的努力，让身边人不再贬低自己，甚至能夸赞自己。

于是，他拼了，后来也做到了。

为了给妻子更好的生活，他每天工作十二个小时以上，回家后还打起精神陪她聊天、和她亲热，把她哄得团团转。

为了做个好爸爸，他出席孩子的所有聚会和活动，给三个孩子满满的爱和鼓励。在孩子们面前，他无所不能，永不疲倦。

杰克完美极了，剧中但凡有他的镜头，就会有很多网友发出“完美”的弹幕。正当他处于人生的巅峰期时，一场意外死亡让关于他的美好戛然而止。

第一季里他死因未明，后续一季里会真实地袒露在完美的背后，他所承受的痛苦和挣扎，以及压抑与愤怒。

而身为养子的兰德，其生活又能好到哪里去呢？

因为有着黑人的面孔，他一进入白人家庭，就知道自己是个来历不明、遭人嫌弃的可怜虫。养父母对他的爱越多，他就越紧张。

他渴望得到更多爱，又担心不配得到这些爱，于是对自己要求特别苛刻。他不允许自己失败，不允许自己抱怨，一切都要自己扛、自己搞定，即使累垮也不在人前哭。

兰德的确继承了养父杰克优良的品德，积极上进，善良有担当，表面上还很开朗。背地里，他则因为强迫自己凡事都要做到完美而处于失控和无助的状态。

再看母亲瑞贝卡，她的原生家庭也好不到哪里去。她的母亲既尖酸又刻薄，于是她在有了孩子以后，非常有意识地去做一位与自己的母亲不同的母亲。她温柔包容、体贴细致，总是去照顾孩子们的情绪，但是却因为隐藏了一个秘密，遭到了养子极大的怨恨。

她很早就和兰德的生父见过面，但因为见对方既有毒瘾，又生活落魄，所以为了不影响孩子的前途，就要求对方不要来找兰德。回到家里，她对每个人都守口如瓶。为了掩盖自己内在的自私，她对兰德比对其他两个孩子更好。她其实是在用过多的关注来消除自己因对兰德撒谎而产生的愧疚感。

在心里守一个秘密守了三十六年，其背后是漫长的孤独和不被理解。真相大白之后，养子对她的恨，让她感觉仿佛几十年的心血和爱都付诸东流。我因此得出结论：世事真的很难论对错，而养育也并非只有爱就可以，因为人心难以揣测。

抑郁、强迫，都来自对自己的苛刻

在心理学里面，很多疾病都与个人对自己太苛刻，以及要求完美有关，比如抑郁症。有抑郁症的人最典型的特征是自我价值感低。他们往往在某些方面已经很出色，但还是要求自己样样都出色；他们往往已经得到别人的认可，却不能自己认可自己。

比如杰克的女儿凯特，她从小生活在有完美身材的母亲的光环下，无论父母如何接纳并认可她，她都始终无法认可自己。她将所有的焦点都放在自己过胖的身材上，忽略了自己的聪明和智慧，以及具有的把任何复杂事情都处理得井井有条的能力。

凯特的抑郁症暴发于父亲去世之后，父亲的死因虽然到第一季结束都扑朔迷离，但好像与凯特有某种联系。于是原本有自责型心理的凯特，将所有的罪责背负了起来，导致她后来很长时间靠“百忧解”来抵抗抑郁。

还有一种病是强迫症。患有强迫症的人会有他特有的强迫行为，这些行为像一种仪式，每天会重复数次甚至数百次。这也是他们对自己的一种要求，就像凡事力求完美的兰德那样。他因为养子的身份，希望自己做到最好，不给家人添麻烦，不想让养父母失望。

于是，无论是在工作还是生活中，他都处处要求自己做到极致，甚至会在住旅馆时将床铺得整整齐齐。当极致大面积覆盖他的生活时，他就很容易在偶然的失误和挫败中崩溃。

后来他的亲生父亲身患绝症，受父亲影响，他的情绪和生活都发生了变化，甚至影响了他辛苦拼搏了多年的事业。他不甘心，也很沮丧，但是更多的还是那种来自无法掌控生活的无力感。

放下完美，从人群里获得生命的舒展

我们知道很多痛苦的根源——不是自己不够好，而是自己对自己的要求太高。

杰克对自己的要求是做一个完美丈夫和完美爸爸；瑞贝卡希望成为好妻子和好妈妈；凯特希望自己和母亲一样身材曼妙，不给家庭抹黑；兰德希望自己不辜负养父母的养育之恩，为此不敢有丝毫懈怠。

的确，他们都做得很好，但是付出的代价是过于紧张和压抑。

事情的转机出现在兰德的亲生父亲威廉到来以后。他既掀起了一番波澜，也使周围人对生活有了全新的感悟。

他热爱音乐，也热爱分享，这与时刻为工作奋斗，时刻将自己内心封闭起来的兰德有很大的差别。

他个性随和，不拘小节，更不会对生活有刻意的规划。

而兰德不同，他视时间为生命，一天工作二十个小时不嫌多，他的每一分钟都有合理的安排。

但是这两个人在近距离接触以后，无论是在心理上还是精神上都发生了碰撞和融合。兰德开始静下来陪着父亲散步，并且发现原来通过散步能更接近世界，能更好地感受自己的存在。

他发现偶尔打乱安排，并不会让生活发生根本的变化。于是他干脆辞掉那个为之付出了多年心血的工作，停下来去体会和思考人生。

瑞贝卡在丈夫意外死亡以后，并没有沉浸在悲伤里等待终老，而是选择与一位仰慕她多年同时也是丈夫多年挚友的人结为夫妻。

孩子们都已经长大，不需要她再事无巨细地照顾。她得以从那个完美的洞穴里爬出来，去过自己觉得更自在的生活。

凯特的改变是从遇到未婚夫托比开始的。托比看到的都是凯特的优点，他甚至觉得凯特有着超越身材的美。于是，凯特的自我怀疑逐渐消失，她不再在每次进食之后自我厌弃，甚至准备对未婚夫敞开心扉，去回溯父亲离世的那段痛苦的经历。

所有人都在放松，所有人都在改变，除了已经归于尘土无法重来的杰克。

这就给了很多人启示。有心理学老师说："我们的人生其实不是一条直线，而是充满迂回曲折的点状图。"

这既给了我们宽慰，证明人生不是无法改变的；又给了我们希望，因为在人生旅途中，我们总能通过看到的风景、遇到的人去抚平曾经的创伤，原谅自己的不足，放下对完美的执念，去做一个更加真实且轻松自在的人。

最后，送上一句我最喜欢的台词："世界上，没有柠檬能酸到……酸到令你做不出美味的柠檬汽水。"

所以，请放松一点，慢慢地品尝命运给你留下的这枚酸柠檬，直到你剥开它完美的表皮，被它的酸呛到，最终找到属于自己的那一份特别的甘甜。

向老天许个愿，不如自己有个好信念

为什么要有信念？

《肖申克的救赎》里有句话："不要忘了，这个世界能穿透一切高墙的东西，就在我们的内心深处，那就是希望。"

安迪在大狱中饱受折磨，却始终心存希望，而他的狱友瑞德则劝说他："听我说，朋友，有'希望'是件危险的事，它能叫人发疯。"

他们到底谁是对的？

其实都是对的，因为他们站在不同的角度，有着不同的信念。

心理学家李子勋老师讲过一个案例：有个性格非常残暴的男人和妻子离婚了，独自养一对双胞胎儿子，他对两个孩子一视同仁，动辄棍棒伺候。如果按照精神分析的经典逻辑，这两个孩子没有受到母爱的滋养，持续在父亲身边体验暴力摧残，不得精神病就不错了，不可能会有任何成就。

的确，哥哥“完美”地遗传父亲的德性和生活习惯，酗酒赌钱，还经常惹是生非，最终一事无成。

而弟弟则恰好相反，他以优异的成绩考上了一所名牌的大学，毕业后又获得了很好的就业机会，随后成家立业，顺风顺水。

后来有人对这种差异感到惊讶，就去问哥哥：“你为什么越来越像你的父亲？”

哥哥回答：“因为我是父亲养大的，我不像他又能像谁。”

再问弟弟，弟弟的回答迥异：“小时候爸爸看扁我，觉得我不行，所以我一定要做好，让他为我感到自豪和骄傲。”

哥哥从小就认定自己无论如何都逃脱不了复制父亲生活模式的命运；而弟弟则认为，我就是要做点不一样的事情，让父亲大跌眼镜，改变他曾经的观点。

这个故事充分地说明：所谓的命运，来自我们的信念。消极的信念，催化糟糕的人生；而积极的信念，给我们带来无尽的希望。

我有个经验，即每次接到新的来访者时，只要听他讲几句话，我就能判断出他需要做多少次咨询才会见效。

因为他的话里藏着他的信念。

比如有个人说：“反正我觉得人活着挺没有意思的，我来找你也是因为实在没有人可以倾诉了。”

通常我认为他是被自己的信念毒害了很久的人，也就是那种俗称“在装睡的人”。他自认为活着都是没劲的，所以要想带他走出来，凭借两三次咨询是不可能的，最少要两三个月才会有突破。

还有人则说：“老师，我觉得我有个问题一定要解决，不然我的婚姻就完了。”

“什么问题？”我问她。

她说：“婆媳关系。我和婆婆简直水火不容，我也努力过，可是矛盾还是愈演愈烈。我老公尽力了，但是做不了我们的双面胶，所以我只好求助你。”

为这样的人做咨询，我估计一个月就会有明显的效果。因为她有两个积极信念：一定要缓和婆媳关系，这样对我的婚姻有利；我信任眼前这个人，她一定可以启发我找到最好的处理关系的办法。

有了这两个信念，事情就会顺利解决。

信念怎样作用于我们的生活？

那么，信念到底是什么？它又是如何作用于我们的生活的？

信念的解释一般是这样的：对自己的某个观点或者想法确信不疑。

一旦你有了信念，它就会在以下几个方面影响你，甚至操控你的人生。

第一，影响你的注意力。

大家有没有听说过“孕妇效应”？说的是一个人在怀孕之前，很少会在马路上看到孕妇，但是当她怀孕以后，会发现到处都是孕妇。

这是因为最近她周围的孕妇激增了吗？其实不是，而是她的关注点发生了改变。当她怀孕后，她对与怀孕有关的人、事、物都会高度关注，而孕妇就成了她颇为关注的对象之一。

当你有了一个顽固不化的观点，也就是信念的时候，你的注意力也会不由自主地围绕着这个信念。

比如，有个女孩，她的父母是特别谨慎甚至是胆小的人，她妈妈经常说的一句话是：你不要随便相信人，不要把秘密告诉别人，现在骗子很多的。

女孩记住了“骗子很多”这四个字，并且一再地在心里加深重复，把它当成是信念。当有了这个信念后，她发现无论是报纸杂志，还是网络新闻，都充满了有关骗子的信息。她再一次夯实了自己的信念，认同了妈妈的观点。

当生活中有人求助于她，或者给她提供什么好的发展机会的时候，她都会本能地搪塞过去，因为她怀疑对方的动机，怀疑对方是不是在欺骗她。这样事事怀疑的心态，会极大地阻碍她的人际关系和事业的发展。

所以，你如果发现身边经常出现某一类不好的事情，别将其归因于你运气差、环境不好，而要去深挖一下，看自己是不是藏了某个绝对化信念。

第二，影响你做选择。

当两个人面临同一个选择时，比如报考某个专业，去什么公司面试等，最终推动他们做出决定的，可能是他们内在的信念。

比如，一个人的信念是：去银行工作最好，银行收入稳定，工作环境又好。

而另一个人的信念是：我要去做销售，因为销售有挑战、机会多，还能接触各式各样的人，这样我的口才和社交能力都会得到提高。

他们谁都无法说服谁，因为他们都相信自己的观点是唯一正确的，所以必然会做出不同的选择。

另外，如果你的信念是：男人长得帅就容易花心，一旦钱多就会变坏。那即便你遇到又帅又专一的人，也不会接受他的追求。而当你对金钱有负面信念，认为人一旦有钱就变坏时，那你就不可能获得金钱，甚至会无意识地阻止金钱来到你身边。

因此，如果你对自己的现状不满，或者感情出现了危机，经济上捉襟见肘，都可以去看看自己是不是有不合理的信念。它们是否导致你在过去某些关键时刻，做出了不利于自己的选择，以致埋下了今天的隐患。

第三，拿走你的自信。

消极的信念，除了会导致你出现选择性消极关注，让你做出不利于自己前途和幸福的决定，还会拿走你的自信。

比如一个女孩，她皮肤比较黑，小时候被妈妈嘲笑过：“像非洲姑娘，长大了怎么会有男孩子喜欢哟？”

妈妈原本是开个玩笑，但孩子是绝对信任妈妈的，所以她就把自己皮肤黑不招男孩子喜欢变成了自己的信念。

因此，她从小到大都在经历被嫌弃、被嘲笑：如果有男孩子不和她说话，她就会理解为，因为我黑所以他不喜欢我。

如果哪个男孩子愿意和她说话，甚至要和她一起玩，她又会逃避，把人推开。她的说辞是：“他肯定还没有发现我长得那么黑，如果哪天发现了，他还不是照样看不起我。与其日后被他这样对待，我索性就不要和他做朋友。”

因此，她就主动远离那个男孩。男孩在被拒绝后，觉得莫名其妙，然后就生气地反击她：“你有什么了不起，这么黑，还这么傲慢。”

于是，女孩就验证了自己的想法：“看吧，他的真面目露出来了，好在我没有和他交往。”

这就是女孩自我实现消极信念的过程。当一个人对她有了消极的评价，并且她认同这个评价是不可推翻的时候，她就会自卑、怯懦，害怕表达自己，也害怕融入人群。

就像李子勋老师提到的案例里面的哥哥，一旦他认定自己是和爸爸一样的人，是不可能超越爸爸的，他的自信和自尊其实就没有了，在随后的生活中他会处在破罐子破摔的状态。

让信念的种子开出花来

那么如何推翻这一切呢？其实只需要两步：

第一步，找到信念。

比如，你经常看到自己某个缺点，还怀疑别人也看到了，并且会因此看不起你。那你就是中了信念的毒，你要追根溯源，看看这个信念是何时播种的，谁给你播种的。

然后你就把这个信念写下来，仔细地看着它，并且问自己：这个信念真的是百分百正确、毫无漏洞的吗？

我脸上有一颗痣，所以是个丑小鸭；我不爱说话，所以全公司的人都不会喜欢我；我声音沙哑，所以肯定唱不好歌；天黑后不要出门，外面有鬼……

这些信念真的是百分百正确的吗？你甚至可以去找周围的朋友，问问他们的观点是怎样的。如果大部分人的观点和你的不一致，就证明你的信念是无意义的。

那请你把这张写满信念的纸撕得粉碎，扔到马桶里。

这个动作，象征着你与这类信念进行永久的道别。

第二步，找到可替换的信念。

在《肖申克的救赎》里，其他囚犯都深信一点：我就算是被误判的、冤枉的，但只要进入这堵高墙内，就没有再出去的可能。

而安迪则不然，他认为：我一定可以通过自己的双手打通一条通往自由的路。他管这个信念叫作“希望”。

最终，他成功了。

我在和我的读者或者学员沟通的时候，经常会玩替换信念的游戏。

比如，有位女性已经三十四岁，事业有成，长相端庄，但是一次恋爱都没有谈过。她自己也很纳闷：“怎么自己就和异性绝缘呢？”

后来我们探索信念后，发现她有个很大的问题，那就是一旦遇到对自己有好感的男人，她就会想办法让对方知难而退。比如对方给她送礼物，她就把礼物退回去；如果对方约她看电影，她就临时爽约。

后来她想起来，是她很信任的一个阿姨曾告诉她：“男人都是很贱的，你要是让他们轻易得逞，他们就会不珍惜你，所以你要千方百计给他们设置障碍。”

而每当她给对方设置障碍时，对方就以为她是不喜欢自己，所以真的知难而退了。

我们最后把“男人都是很贱的”这个信念删除，换成更合适的信念叫作：“每个男人都不同，有些男人是很可爱的。”

她刚接触这个信念时非常不自在，后来我教她进行自我催眠：每天有空就默念这个信念；去电影里，或者书本中找一些有关可爱的、靠谱的男孩的故事来看；去搜索身边优秀的男人，比如亲戚朋友中比较优秀的丈夫、忠诚的男朋友。

通过说、听、看这三个步骤，这个信念逐渐被植入她的潜意识。大概过了半年，她就恋爱了。

她自嘲地说："铁树终于开花了。"

我回应她："其实是你新的信念的种子开花了。"

所以啊，你如果希望人生有所改变，期待着更好的生活的到来，那么不需要求神拜佛，在心里种下一个正确信念就好了。只要有一个好的信念，就会孵化出一个不可思议的未来。

为什么我懂得这么多，还是无法改变自己？

为什么我们总是那么痛苦？

简单来说，人的痛苦大致来自三个方面：

第一，身体方面。

比如，我的父亲五年前被查出肺动脉旁边有个大肿瘤，各大专家会诊的结果是，动手术意义不大，首要任务是戒烟。考虑到他体重偏轻，医生建议要补充足够的营养。

父亲听到戒烟能保命，就把烟都扔了，还发号施令说以后谁也不要给他买烟，不然就翻脸。

但是一个月后，我就接到母亲的线报，说老头最近精神稍微好点，就又把烟杆子架起来肆无忌惮地抽，谁说他都不听。花高价给他买的营养品他连碰都不碰，理由是不好吃。

而我母亲的身体呢，其实也差不多。她四十多岁就开始超重，有高血压、心脏病，腰椎还有三处严重突出。医生的建议则是避免久坐，否则身体负担会越来越重，以后可能会出现行走困难。

母亲也是当场点头如捣蒜，但是回到家就又被牌友们拉去搓麻将。

当我再次看到父亲咳嗽、精神萎靡，或者母亲因膝盖酸痛走不到一百米时，就仿佛看到自我放飞的孩子一样，“恨铁不成钢”。

父亲的解释是：戒烟太难了，还不如死了算了。母亲是文化人，她会更改承诺：昨天打牌的确有点久，这段时间都不打了。

其实，除了老年人，在健康方面出现危机又做不到自律的年轻人也大有人在。朋友圈里天天都有人在哀叹，运动很有必要，但躺着更符合我的需求，所以还是躺着吧。

或者我明知肉吃多了，不利于我的脂肪肝的治疗，但是好像少吃一口肉都会觉得浑身难受。我宁愿及时行乐，明天的问题明天再说吧。

如此反复，就变成一边享乐，一边感叹改变太难。

第二，工作和财富方面。

有句话是，世界上95%的财富掌握在5%的人的手里，富的人越来越富，穷的人越来越穷。很多属于95%阵列的人对此有自己的逻辑：“有钱人都是有靠山的，要么家里有矿，要么可以拼爹；他们是‘锦鲤’体质，做什么都能莫名其妙成功；他们学历高、能力强，长得也比我好看。”

我有个朋友在外企工作，在家里引导孩子谋划理想的时候振振有词，鼓励他立鸿鹄之志，为梦想去奋斗，而不是只顾眼前。可矛盾的是，她自己在单位里待了七八年，还是混不到一官半职，薪水也是全部门最低的。

我问她：“你和你儿子说得头头是道，你自己呢？”

她说：“我觉得我就是‘懒癌’患者，五行缺勤奋努力，所以我认命。”

我说：“好吧，那你就继续苟且着吧。”

我经常听到来访者这样评价自己：“我也想做大事多挣一些钱，可是那样我就要学英语，读研究生，还要练习口才。我试过，坚持了一个星期就被打回原形，算了，我就继续做‘废柴’好了。”

第三，情感关系方面。

在我的学员和来访者中，大部分都是有情感困扰的。比如，妮妮说：“我觉得我不配做母亲。”

我吓一跳，问她：“怎么了？”

她说：“我对我的孩子特别没有耐心，也没有引导的方法。说起来都心酸，有一天晚上，六岁的儿子竟然对我说‘妈妈，你今天还没有打我’。”听了儿子这句话，妮妮半天没有反应过来。她这才知道，自己对孩子的伤害有多大，已经导致孩子形成了惯性，一日不被打，反而心有不安。

虽然孩子说的时候表情看似平静，但是谁知道他的内心是不是在滴血。

所以妮妮问我："老师，我的孩子是不是要被我毁了？"

说完亲子关系，她又说夫妻关系："我对我老公哀莫大于心死，他是吃喝嫖赌样样俱全，就是不顾家不管孩子。"

我问："那你怎么没有离婚呢？"

她答："他经常对我发毒誓啊，说一定改，我就轻信了他。况且一个完整的家庭不是对孩子成长更有利吗？所以我就一直被他耗着。"

"是的，完整的家庭是对孩子有利，但是你这个家庭真的完整吗？两个人格不健全，并且对自己的情绪和人生都无法负责的成年人，能给出的'完整'又是什么样子？"

妮妮哭着说："老师，我也想改啊！我有一次打完孩子，恨不得拿刀把自己砍了算了，后来也和孩子道歉，也去网上学习怎么温柔地对待孩子，可是我发现我的脾气太暴躁，三天都坚持不了，就又被打回原形了。"

这和我父亲说得一样："我不知道烟瘾那么难戒啊？但是现在你让我一根都不抽，还不是同样会要了我的命，不改了，就这样吧。"

我朋友则说："我难道不知道努力工作就可以晋升，就可以拿到更高的薪水？可我就是缺乏动力，还是个拖延症晚期患者，所以活该不受老板待见，活该买不起名牌包包。”

记得在一部电影里看到过一句对白——我也知道有些人身材好，有些人很有钱，有些人人见人爱……我也想啊，但是我做不到，我不是那块料啊！

“不是那块料”是什么概念呢？其实是承认一个道理：我也知道要如何如何才能得到这些和那些，奈何我做不到“如何”，所以就得不到“那些”。

是什么导致我们做不到？

第一，受制于限制性信念。

比如，大家都说自己渴望高收入，渴望有份好工作，但是一谈到有钱人，就马上发表出一系列负面言论：他们要么有背景、有人脉，要么就是有好运气，所以才成功多金。

而我正好是个三无人员，所以我怎么做都不可能成功。

有的人口口声声说希望自己收入翻番，结果你让他做一个可行性方案，他就会运用绝对化思维，一票把自己否决。

否决后，他还自我开解：没钱也挺好的，你看看那些富豪有几个是好人啊，都是三妻四妾的，一身铜臭气。

《有钱人和你想的不一样》这本书里提到过，决定你是否富有的首要条件是，你最初对金钱的看法和信念，而不是你在用什么方法挣钱。

还有个姑娘，她读完本科又去读研究生，读完研究生又去读博士。父母催她去工作、去恋爱，她说：“谁叫我长得不好看，再不多读点书，哪个单位愿意要我，哪个男孩会娶我？”

先不说有什么科学标准来确定长得好不好看，谁说单位招聘、男人娶妻，都必选绝色美女呢？

可是那个女孩却执着地认为她不能离开学校，因为学历才是她唯一的亮点。拿不出学历，就等于失去了竞争力，那工作和爱人统统都要与她失之交臂。

所以，一旦你拥有固执到底的信念，你改变自己的可能性就微乎其微。

第二，把目标定得太大。

《微习惯》这本书介绍过，作者曾经为了保持身材和健康，给自己定了很多的健身计划，结果统统都没有做到，所以他感到特别地挫败。

这也是很多人的共性，比如计划每个月背三百个单词，结果发现三百个单词量太大，五天就放弃了；希望自己半个月都能面带微笑，脾气温和又有耐心，结果两天过后就像缺氧似的难受，撑不住又暴发了。

我的那个在外企工作的朋友，曾坚持一周每天晚上梳理客户信息，白天反馈给老板，每天都比别人多工作三个小时，但是后来直呼睡眠不够，太累了，不值得，就没有再坚持。

其实看得出来，所有希望改变现状的人，都付出过或多或少的努力，但是之所以未取得成功，是因为大家都有一步登天的想法。

比如一年看五十本书，一个月瘦十斤，三个月找到对象嫁出去。通常，这样的目标都会夭折。因为对现状和目标的距离缺乏一个客观的评估，人们在确定目标时是盲目和冲动的，所以执行目标就变得困难重重。

一旦出现困难，我们通常不会去反思是定的目标出现了问题，而是上升到自己的毅力不够，能力不行，以致把自己打击得一塌糊涂。

第三，并不知道自己到底要什么。

我在写作的过程中，遇到很多人来问我："如何才能像你这样通过写作养活自己呢？"或者更直接："如何才能有机会出一本书？"

我会反问他们："你为什么要写作呢？写作能给你的人生带来什么好处？"

有人回答："会写作多牛啊！如果我能出一本书，那我周围的人看我的眼光就不同了。"

我无情地说："那估计你实现不了。"

他惊讶道："怎么了？怎么你行，我就不行？"

不是的，我不是在否定他的能力，而是认为他的意图有问题。因为他写作是为了让自己在别人眼里显得更出色，却不是出于热爱写作，或者以服务他人为目标。

有个咨询师朋友也曾求助我："周，我如何才能给公众号大号投稿？"

我看她咨询工作做得挺好的，就很纳闷："怎么你不做咨询了，要从事写作？"

她说："不是的，我觉得我始终少一个身份。我要是成为知名公众号签约作者，就像你那样，那我的来访者岂不是更加信任我？"

我说："肯定是你想多了，我的观点是你只管好好做你的咨询，来访者要的不是你的写作能力，而是你能共情到他的痛点，激发他找到疗愈自己的方法。"

果然，后来她尝试写了几次文章，甚至投稿成功了，但是写了一段时间就终止了，因为她真正找到了作为咨询师的自信。

现状是她的咨询量很大。事实证明，她根本不需要作家的身份来为她咨询师的身份加分。

综上，很多人之所以不能对现状进行改变，不是因为他能力不够、毅力不足，而是因为他根本没有弄清楚自己行动的背后有什么意图。

比如，上面提到的妮妮，在我这里做咨询，每次一来就求助我："我该如何让自己不发火？"

我说："你可以再找个更正面的目标吗？如果你每天紧盯着发火这个问题，那你的问题会更大。"

她说："我要有更好的亲子关系。"

我为她点赞，随后我们就为这个新目标制订了全新的计划。

因此，无论你在哪一个困局里，是对健康不满，抱怨收入太低，或者是自己情商低、脾气差……此刻你都可以停止对自己的攻击和抱怨，而看看自己停滞不前，到底是出于以上三个原因中的哪一个。

不要做更好的自己，而是更好地做自己

别在“做更好的自己”的目标中疲于奔命

有一个来访者是九岁的小女孩，第一次见面的时候我问她：“听说你学习很忙啊，每天还要练钢琴，怎么有时间和我见面呢？”

小女孩眼睛睁得大大的，对我说：“妈妈说心理医生能够帮助我变得更好。”

我首先纠正她说，我不是心理医生，而是心理咨询师，然后我们就“变得更好”这四个字进行了探讨。

我问她：“你认为变得更好是指变成什么样子呢？”

她说：“我考试总是得九十分，很多同学能拿到九十五分，甚至是一百分。我的老师就说，‘如果你能再认真点审题，周末再多做几道练习题，也可以考得更好’。我的钢琴老师在听了我的弹奏以后，也会说，‘冉冉（她的名字），你要是每天能多弹半小时琴，你的琴声就更好听了’。还有，我胃口不是太好，有时候吃不下饭，我爸爸就会说，‘冉冉啊，你要是胃口再好点，就更好了’……”

我问她："当你的老师和父母对你说‘你如果这样，就会更好’的时候，你有什么感想呢？"

她说："我觉得我比不过别人，或许我还是不够努力，不够聪明吧。"

看起来这个经历不算是很惨，因为无论是父母还是老师，谁都没有对孩子进行打骂、指责。但要我说，正是这样看似温柔的提醒，才抽走了孩子一生的自我价值。

而一旦自我价值被抽走，孩子长大后就会变成这样：模仿他人；不断去"改造自己"，试图追赶他人。

第一，模仿他人。

因为我是不够好的，而别人比我好，所以我要向她"学习"。她穿粉色裙子，我也穿粉色；她染黄色头发，我也把头发染黄；甚至她学会计，我也学会计。

我的一个来访者小樱告诉我，她从小就大大咧咧的，还是短头发。母亲总说她没有女孩子样儿，父亲就说："我家丫头就像个汉子，嫁得出去吗？"

小樱说她听后很着急，因为她认为女孩子一定要嫁人，如果不结婚，就代表嫁不出去。她很害怕被父亲言中，因此十八岁以后就开始“改变自己”。

她的改变方式是模仿她的室友。室友化妆她也化妆，结果她因为技术不好，遭到男同学嘲笑。室友穿高跟鞋，她也穿高跟鞋，结果有一次下雨天她身体失去平衡滑倒了，差点骨折。

后来另一个室友十分纳闷：“你怎么这么奇怪啊，你就不能正常地穿衣打扮吗？”她茫然说道：“我不知道怎么才能脱离假小子的形象，把自己嫁出去。”

第二，不断去“改造自己”，试图追赶他人。

就像那个九岁的冉冉，她之所以愿意来做咨询，不是因为心里不痛快，而是因为想要让自己变得更好，成绩像某某那样满分，弹琴像某某那样考过八级，甚至吃饭还比某某多。

“把一个特定的优秀的对象列为自己学习的标杆，没问题。问题在于，如果目标太多，以至于自己要全方位地以他人为标准去活，那就是一种没有终点的病态性追随了。”

曾经看过一篇报道，说的是一个女孩子从小就被父母嫌弃长得丑，所以特别自卑，因此她立志长大后要多挣钱，去韩国整容。后来她开始拼命挣钱，也攒了一大笔钱。

然后她就对自己“大刀阔斧”地进行改造。首先动的是眼睛，其次是鼻子、嘴巴，后来连下巴也动了。

之所以越动越多，是因为她总拿自己和那些明星去对比，觉得自己还是不够好看，于是来个全方位的修整。最后很多人都说认不出她，漂亮是漂亮，但是不真实。然后，这个女孩就抑郁了。

除了整容，还有一种方法可以让自己看起来更优秀，更加符合家人或者社会的期待，那就是去疯狂地学习。

我的一个闺蜜玲玲就是如此，她肤白貌美、心灵手巧，在单位里做销售且是一把好手。

可是她始终觉得自己差点什么。我告诉她："你在我们朋友圈中算是出类拔萃的，还对自己不满意？"

她说："你看看，我写作就不行，比你差远了，而且我演讲也不行。"说完，她长叹了一口气。

于是呢，她就打算给自己报很多课程，去提升自己的能力。

可是她已经报了一堆的课，比如销售课程、领导力课程，还有人力资源管理课程。我说："你消化得了吗？"

她又陷入了苦恼："是啊，我的时间排不开了。"

我说："你这明显是路线错了。你希望自己文武双全、十项全能，但那是不现实的。"

她反问我："那什么是现实的做法呢？"

我说："好好地做你自己啊！"

玲玲说："做更好的自己和好好地做自己，有啥区别？"

区别非常大：做更好的自己，听起来很"赞"，代表着一种目标，一种努力的方向。但"更好"到底是个什么东西呢？如果一百分是更好，那你就惨了，因为你不可能一辈子一直一百分。如果年轻漂亮是更好，那无论怎么整容最后你都会沮丧，因为你逃不过衰老的自然规律。如果全方位拓展自己的优势和天赋才是更好，那想要做到这一点就更难于实现，因为你不可能既是牛顿、华罗庚，又是肖邦和凡·高。

所以，做更好的自己，是一个虚无的目标。它只会让我们像个无头苍蝇似的疲于奔命、迷失方向，无法给我们带来真正的意义和价值。

更好地做自己，才是更舒服的状态

反之，如果你能够更好地做自己，那过程就会很美妙。

第一，从父母的焦虑中解脱出来，获得自由。

有些人会说："都是我父母当初打击我，说我不如别人家孩子，才导致我自卑的。"

那么我想纠正这个看法——父母批评我们，拿我们和其他孩子做对比，真是因为他们不爱我们吗？

不是的，这是因为他们太焦虑。往深层次来说，他们其实对自己的基因、环境以及教育方法不满意，这种不满意会让他们很焦虑，而释放焦虑的方式就是对孩子唠叨和指责。

如果你能很好地做自己，那么首先会把父母的焦虑"交还"给他们。记得我在有关家庭系统排列的课程里曾体验过，把我父亲愤怒的能量通过一个仪式交还给他，并因此获得一种轻松感。

你如果曾经因为父母的某句话而认为自己不好，所以不断打造和改变自己，那么首先就要认同一个道理——停止改造自己，你只需要把这份不属于你的焦虑交还给父母。

这个仪式可以通过写信，抑或只是通过冥想去见到父母，然后对他们做出交还的动作来完成。

无论以何种方式，请你在结尾处都对他们说声“谢谢”，谢谢他们给你生命，谢谢他们借助当时最大的能力给你爱。

通常，当你进行完这个仪式后，会感觉身体轻盈很多。

第二，客观地看待他人和自己。

有句话叫作“你站在桥上看风景，看风景的人在楼上看你”。这句话很好地说明，当我们在羡慕别人的时候，或许别人也在羡慕我们呢。

过去你或许都是用资源取向型的眼光看别人，认为人家哪哪都比自己好；而看自己的时候，却用缺陷取向型的眼光，看自己哪哪都很差劲。

那么未来，你可以舍弃其一，统一用资源取向型眼光去观察他人和自己。比如闺蜜玲玲，她以前总盯着别人的优点，羡慕他们会演讲、会写作，以此打击自己。后来我建议她可以继续欣赏那些人，同时也要欣赏自己身上的魅力，比如心灵手巧、亲切温柔、坚忍执着，而且销售能力非常强。

至于那个九岁的女孩冉冉，我提醒她妈妈，如果他们再经常提醒孩子“你要是怎么怎么，就更好了”，那孩子未来很可能会抑郁。

她妈妈问："那怎么办？"

我说："你要找到孩子的优势，去发自内心地欣赏，甚至是感谢她来到你的家庭，让你们体验到做父母的伟大，也促发你们自身的成长。"

后来她妈妈真的这样做了，结果经过细心观察，他们有了重大发现：原来女儿在语文方面颇有天赋，比起钢琴更爱小提琴，还喜欢吃面食胜过饭菜。

在了解之后，她妈妈经常对她语文方面的天赋给予肯定，并把钢琴课停了，给她报了小提琴课，饮食上也多以面食为主。

大概三个月后，冉冉像变了一个人，身体更结实，笑容更多，而且眼睛里充满了光芒。她妈妈说："女儿变化真大啊！"

我说："当然，她现在在做她自己，这是你们对这个生命最大的成全。"

我们成人也是如此。如果我们把投向他人的目光收回放在自己身上，去看到自己的美与好，并且去欣赏和呵护它们，那这些优点就会被激发出来，使我们拥有与众不同的魅力。

第三，把喜欢做的事情坚持下去。

既然我们已经知道，别人也没有什么好羡慕的，我们各自有各自的优势，那么最后一步就是要采取切实行动。

找出你在某方面的天赋，哪怕这个天赋和别人的不同，看起来也没啥前途，你都不要否定自己，而是埋头去做。

比如，我有个来访者从小喜欢化妆，这被妈妈认为是不务正业。她读的是师范大学，因为妈妈说做老师最好，可是她不喜欢啊。后来有一次同事订婚，她友情客串了一把化妆师，意外收获了大家的一致好评。当场就有新郎的两个亲戚来预约，说希望她能够在他们结婚的时候帮忙化妆。她在发现了自己独特的天赋之后，非常兴奋，紧接着就去报了业余化妆进修课程。

随着自己的技术越来越好，业务也越来越多，她不顾母亲的反对辞去了教师工作，自己开了化妆工作室。不仅收入是以前的几倍，整个人都好似绽放了。

所以，如果你能够看到自己的天赋，并愿意把这个天赋当成一颗种子，那么你围绕这个天赋付出的一切努力都是在给这颗种子施肥浇水。未来你不仅会收获事业上的成功，还将收获对自己的信心与爱。

有一句话在网络上广为流传：生活除了眼前的苟且，还有诗与远方。

很多人对这句话的理解是：要放下眼前充满烦恼的生活，去过一种无忧的浪漫归隐生活。其实这就好比你要放下真实的自己，去追求一个虚无但完美的自己一样，是永无止境的，也是不可能实现的。

而我所理解的诗与远方，却是这样的——无论他人在你面前是多么光鲜亮丽，也无论你从他人口中得知另外一些人是如何优秀，你都不为所动，而是一扭头对着镜子说：“嗨，无论他们多么优秀和亮丽，在我的世界里，你最了不起！”

是的，在你的世界里，你就是那个王，你最了不起。所以，不要去追求更好的自己，而是更好地去做自己！